高等职业教育园林工程技术专业系列教材

园林工程
实训指导书

主　编　易红仔　邹华珍　郑建强

副主编　邹梦扬　付圣嘉　王秋炎　汤泽华

参　编　刘　娟　黄　凯　张　铭　张秋英

U0331562

机械工业出版社

本书按照教育部高职高专园林相关专业教学基本要求和全国职业院校技能大赛高职组"园林景观设计与施工"赛项相关要求，参照施工员、园林绿化工等职业技能标准及《园林绿化工程施工及验收规范》(CJJ 82—2012)等行业标准，紧密结合园林岗位的技能要求以及当前高等职业教育园林相关专业课程开设的实际情况编写。

本书共分为十个项目：施工放样、土方施工、管网工程、园林建筑小品施工、水景工程、园路工程、假山工程、照明工程、种植工程、综合应用。全书内容由单项工程实训到综合项目应用，由浅入深、循序渐进。全书图文并茂，配备相应的施工图纸，知识结构体系系统性强，突出岗位性、专业性、实用性，使学生在学习过程中逐步掌握园林工程施工的过程和技巧。

本书可作为高职高专院校、五年制高职院校、本科院校开办的职业技术学院、应用型本科院校、成人教育院校中开设的园林工程技术、园林技术、园林等专业的教材，也可作为中职院校园林相关专业的教材，还可作为园林从业人员的业务参考书及培训用书。

本书配有教材中涉及的施工图纸、微课视频、施工规范、施工图集、综合施工案例拓展等资源，凡使用本书作为授课教材的教师可登录机械工业出版社教育服务网 www.cmpedu.com，以教师身份免费注册获取。

图书在版编目（CIP）数据

园林工程实训指导书 / 易红仔，邹华珍，郑建强主
编. -- 北京 ：机械工业出版社，2024. 10. --（高等职
业教育园林工程技术专业系列教材）. -- ISBN 978-7
-111-76915-6

Ⅰ. TU986. 3

中国国家版本馆 CIP 数据核字第 2024EC0258 号

机械工业出版社（北京市百万庄大街22号　邮政编码100037）
策划编辑：王靖辉　　　　　　责任编辑：王靖辉　陈将浪
责任校对：牟丽英　李小宝　　封面设计：马精明
责任印制：李　昂
北京捷迅佳彩印刷有限公司印刷
2025 年 1 月第 1 版第 1 次印刷
184mm×260mm · 8.75 印张 · 212 千字
标准书号：ISBN 978-7-111-76915-6
定价：42.00 元

电话服务　　　　　　　　　　网络服务
客服电话：010-88361066　　　机　工　官　网：www.cmpbook.com
　　　　　010-88379833　　　机　工　官　博：weibo.com/cmp1952
　　　　　010-68326294　　　金　书　网：www.golden-book.com
封底无防伪标均为盗版　　机工教育服务网：www.cmpedu.com

　　"园林工程"是一门涵盖设计、工程、艺术、技术的综合性课程，是园林工程技术、园林技术、园林等专业的重要课程，其中的园林工程实训是"园林工程"课程的核心技能。本书为江西省职业院校精品在线开放课程"园林工程"配套实训教材，课程学习网址为 https://www.xueyinonline.com/detail/236579378，读者可按开放时间自主登录学习。

　　本书根据《国家职业教育改革实施方案》《职业院校教材管理办法》的精神和要求进行编写，将"园林工程"课程的施工任务分解为 24 个实训任务，从而确定了本书的任务结构，全书包括 23 个单项工程实训和 1 个综合项目应用。在具体的教学过程中，在教师的指导下，学生通过任务实训掌握不同工程的工艺流程，突出实用性和指导性，使学生在实训过程中的技能得到提高，能力得到培养。本书具有以下特点：

　　1. 本书内容对接园林景观施工与管理工作岗位，对接专业教学标准和职业标准，结合全国职业院校技能大赛高职组"园林景观设计与施工"赛项相关要求和园林工程施工相关规范，将园林工程新材料、新工艺、新技术融入实训过程中，突出职业能力的培养。

　　2. 本书在"学银在线"上配套有"园林工程"在线开放课程，配套教学资源十分丰富，配有教学课件、教学视频、测试题、施工规范、图集、项目案例、思政案例、竞赛优秀作品等多种形式的富媒体资源。另外，学生可以通过扫描书中二维码观看视频，满足学习者碎片化、个性化的学习需求。

　　3. 本书作者结合多年的教学实践经验，对实训内容进行了认真的梳理，内容按照园林工程建设程序进行编排，科学合理，实用性强。书中每个实训任务都有实训目标、实训内容、实训工具与材料、实训操作流程与要点、实训小结、实训评价六项内容，把每个实训的步骤和方法以图片形式展现，让学生全面掌握施工的过程和技巧，体现"学中做，做中学"的教学模式，注重实践能力的培养，全面提高学生的施工技术和管理能力，以及安全规范意识和职业素养。

　　4. 本书配套的在线开放课程融入了课程思政，把文化自信、工匠精神、服务意识的思政主线融入课程，选取了中国古典造园文化、大国工匠事迹、生态文明建设、美丽乡村建设等方面的思政资源，助力学生树立正确的世界观、人生观、价值观，塑造良好的社会公德与职业道德。

　　5. 文中参考了国家相关规范与图集，对接施工规范要求，强化学生规范意识，促进学生养成良好的行为习惯，提升学生的职业素养。

　　本书由江西农业工程职业学院易红仔、邹华珍、郑建强任主编；江西农业工程职业学院邹梦扬、付圣嘉，江西省空间生态建设有限公司王秋炎，江西环境工程职业学院汤泽华任副主编。本书具体任务分工如下：邹华珍编写项目一、项目二；付圣嘉编写项目三；易红仔编写项目四中的实训七~实训十；王秋炎编写项目四中的实训十一、实训十二；汤泽华编写项目五；邹梦扬编写项目六；郑建强编写项目七、项目十；黄凯编写项目八；刘娟编写项目九。图纸部分由江西农业工程职业学院张铭、吉安职业技术学院张秋英绘制、整理。全书由易红仔统稿。

　　由于编者水平有限，书中难免有不足之处，敬请广大读者给予批评指正。

编　者

页码	名称	二维码	页码	名称	二维码
8	土方工程量计算方法		25	花坛工程	
8	园林土方工程施工准备		25	砌筑花坛施工	
8	土方挖方施工		25	砌体工程	
8	土方填压施工		30	景墙工程	
11	园林地形竖向设计		30	景墙工程施工	
15	园林给水工程		40	廊架工程	
15	喷灌系统施工		60	人工湖驳岸	
19	园林排水工程		64	水池工程：人工湖工程设计	

（续）

页码	名称	二维码	页码	名称	二维码
64	喷泉工程		74	透水砖铺装	
64	喷泉的工程设计		79	碎料路面工程施工	
64	喷泉的给排水系统		86	块料路面园路施工	
68	瀑布工程		91	塑山的特点及分类	
68	跌水工程施工		91	塑山工程施工	
74	园路的功能		96	园路照明工程	
74	园路的线形形式		96	园路照明工程施工	
74	园路的结构		96	景观照明工程	
74	园路的类型				

序号	名称	编号
1	《城市道路——软土地基处理》	15MR301
2	《给水排水标准图集 给水设备安装（一）（2014 年合订本）》	S1（一）
3	《综合管廊给水管道及排水设施》	17GL301、17GL302
4	《球墨铸铁复合树脂井盖、水箅及踏步》	15S501-3
5	《综合管廊污水、雨水管道敷设与安装》	18GL303
6	《给水排水标准图集 室外给水排水管道工程及附属设施（二）（2012 年合订本）》	S5（二）
7	《城市道路与开放空间低影响开发雨水设施》	15MR105
8	《综合管廊基坑支护》	17GL203-1
9	《砌体结构设计与构造》	12SG620
10	《建筑结构设计规范应用图示（地基基础）》	13SG108-1
11	《装饰砂浆工程做法——华砂装饰砂浆系统》	24CJ77-3
12	《环境景观——室外工程细部构造》	15J012-1
13	《砌体结构设计与构造》	12SG620
14	《建筑工程施工质量常见问题预防措施（混凝土结构工程）》	20G908-1
15	《混凝土结构施工图平面整体表示方法制图规则和构造详图（独立基础、条形基础、筏形基础、桩基础）》	22G101-3
16	《木结构建筑》	14J924
17	《混凝土结构剪力墙边缘构件和框架柱构造钢筋选用（框架柱）》	14G330-2
18	《钢筋混凝土结构预埋件》	16G362
19	《自粘防水材料建筑构造（二）》	17CJ23-2
20	《环境景观——室外工程细部构造》	15J012-1
21	《水泵安装》	16K702
22	《建筑防水系统构造（五）》	15CJ40-5
23	《无障碍设计》	12J926
24	《海绵型建筑与小区雨水控制及利用》	17S705
25	《城市道路——环保型道路路面》	15MR205
26	《城市照明设计与施工》	16D702-6、16MR606
27	《综合管廊缆线敷设与安装》	17GL601
28	《110kV 及以下电缆敷设》	12D101-5
29	《110kV 及以下电力电缆终端和接头》	13D101-1~4
30	《种植屋面建筑构造》	14J206

目　录

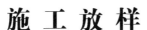

施 工 放 样

园林景观施工过程中的放样工作，是确保工程按照设计要求进行的关键环节。通过放样，将图纸上的元素转化为实地具体的定位与尺寸，为施工提供精确的参考。然而，实际施工中往往出现与设计图纸的偏差，这其中，施工放样的准确性起到了决定性的影响。

针对不同类型的景观元素，放样工作需采取相应的作业策略。例如硬质景观的放样，涵盖了土方工程、管线工程、硬质景观工程及道路工程的定位，每一项都需要根据设计图进行细致的测设，确保其位置与尺寸的精确度；软质景观的放样，则主要集中在绿化植物的种植点上，同样需要严谨的测设以确保景观的整体协调性。

在具体的放样过程中，包括平面位置的确定、高程的测设以及竖直轴线的定位等工作。每一步都需要严格按照设计要求进行，力求将误差降至最低，从而确保园林景观工程的质量与效果。因此，放样工作在园林施工中具有重要的地位，对于工程的成功实施起到举足轻重的作用。

实训一 园林硬质景观放样

一、实训目标

1. 掌握施工放样的基本方法——直角坐标法。
2. 能利用直角坐标法对硬质景观进行放样。
3. 培养学生精益求精的工作态度。

二、实训内容

学生按每组 5~6 人分组，完成如图 1-1 所示花坛 A 和铺装 B 的定位放线。

三、实训工具与材料

1. 工具

铁锤、钢卷尺、直角尺、铁锹等。

2. 材料

白灰（白石灰，后同）、玻璃纤维杆、白线等。

四、实训操作流程与要点

进行硬质景观放样时在没有仪器设备的情况下，一般采用的是直角坐标法，此次实训就以此方法进行定位放线。

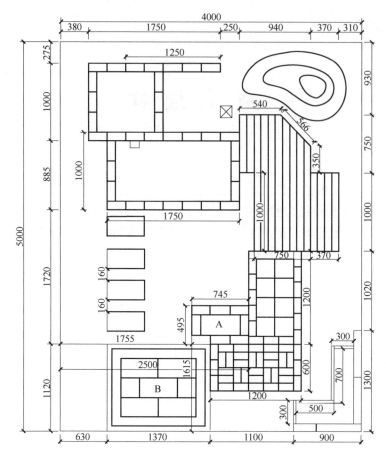

图 1-1　尺寸定位平面图

以花坛的定位为例，具体操作如下：先在图纸中假设花坛的边角点为 c_1、c_2、d_1、d_2，以图纸的左下角为坐标原点，并根据平面图中的尺寸分别计算出 c_1、c_2、d_1、d_2 的坐标值为（1755，1120）、（1755，1615）、（2500，1120）、（2500，1615），如图 1-2 所示。在实训场内选择钢框的左下角点为定位参照点，设为坐标点（0，0），同时设置钢框边线为 ab。

依据施工图尺寸，用钢卷尺测量角点 a 和 b 到花坛底边 $c_1 d_1$ 的距离为 1120mm，并在实训场边框定出 a_1、b_1 两点，在钢框上标记出两点位置并

图 1-2　计算花坛坐标

拉线，如图 1-3 所示；同理，定出花坛上边 a_2、b_2 两点的位置，如图 1-4 所示；然后根据施工图中的尺寸在已定位的 $a_1 b_1$、$a_2 b_2$ 上找出花坛的四个角点 c_1、c_2、d_1、d_2，如图 1-5 所示。使用白线将四个角点连接起来形成花坛的边线，然后沿着白线的位置将花坛的边线使用白灰标记出来，如图 1-6 所示。同理，依照此办法将图纸中的铺装 B 测设出来完成放样工作，如图 1-7 所示。

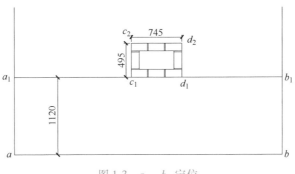

图 1-3　a_1、b_1 定位

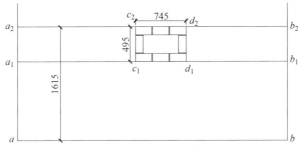

图 1-4　a_2、b_2 定位

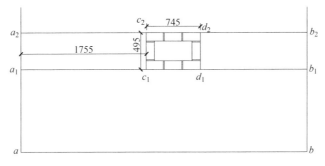

图 1-5　花坛定位点

图 1-6　使用白灰标记出花坛

图 1-7　铺装 B 定位

注意事项：利用此办法施工时，相对来说精度会低一点。在实际工程施工中放线时，为

了保证放线的精度，应配合经纬仪等仪器设备进行放线。

五、实训小结

1. 针对放线景观，需精确识读图纸，计算其在图中的位置。
2. 实地测量时，需运用钢卷尺，确保细致操作并准确读取数据。
3. 纵、横垂直交叉线的直角部分务必精确无误。

六、实训评价

序号	考核项目	参考分	标准值	得分
1	定点放线	0~45分	随机抽取 3 处，每处误差±(0~20) mm，15分；误差±(30~40) mm，10分；误差±(50~60) mm，5分；误差>60mm，0分	
2	花坛边线尺寸	0~15分	随机抽取 1 处，误差±(0~20) mm，15分；误差±(30~40) mm，10分；误差±(50~60) mm，5分；误差>60mm，0分	
3	线条顺直	0~10分	是/否	
4	操作规范	0~15分	是/否	
5	整体效果，分工合作	0~15分	分工明确，协作默契，是/否	
考核成绩（总分）				

实训二 园林软质景观放样

一、实训目标

1. 掌握施工放样的基本方法——网格放线法。
2. 能使用网格放线法对图纸中的内容进行放线。
3. 培养学生精益求精的工作态度以及美学鉴赏能力。

二、实训内容

学生按每组5-6人分组，完成如图1-8所示花坛的定位放线。

三、实训工具与材料

1. 工具

钢卷尺或皮尺、玻璃纤维杆等。

2. 材料

白灰、手套等。

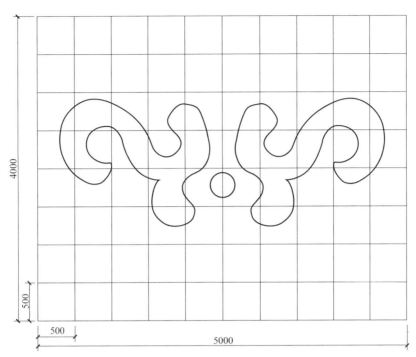

说明：网格尺寸为500mm×500mm。

图 1-8　花坛网格平面图

四、实训操作流程与要点

1. 测放网格

网格放线对场地的平整度有一定的要求，因此在施工前应先将场地平整至大致在同一平面，如图 1-9 所示。按照图纸中设计的网格大小，在实训场地以 500mm×500mm 的大小测放出网格线的位置，同时使用白线将网格线测放出来，如图 1-10 所示。

图 1-9　平整场地

图 1-10　定位网格线

注意事项：测放方格网时，网格的大小及网格间的角度要保证精准度满足要求，不然误差会比较大。

2. 定位相交点

根据模纹花坛施工图中的 1、2、3…12 及 a、b、c…j 各点，如图 1-11 所示，在测放的网格线上确定花坛与网格相交的各点并插入木桩进行定位，如图 1-12 所示。按照此方法完成花坛另一侧的测放，花坛的边线与网格交点的定位放样工作便完成。

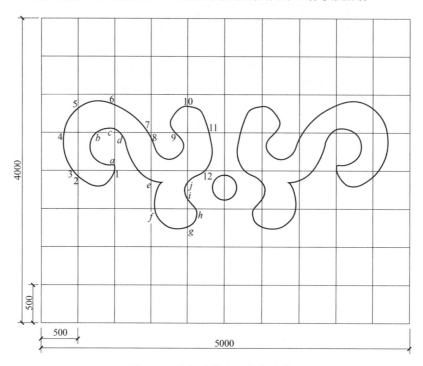

图 1-11　花坛边线与网格相交点

3. 撒白灰标记

撒白灰前，先使用皮尺将各点连接起来，在连接过程中需要调整皮尺的位置，以保证测放出来的弧线比较流畅。然后使用白灰沿着皮尺进行撒放，测放出花坛的边界线。撒完白灰后，将皮尺移开，再根据实际情况看是否要对花坛的线形进行处理，如图 1-13 所示。

图 1-12　木桩定位图案

图 1-13　放线成品

五、实训小结

1. 网格放线时，花坛边线与网格的交点位置坐标值要读精确。
2. 撒白灰前用皮尺连线，是为了将线修改得顺畅、圆滑。

3. 进行复杂图案花坛放线时要细心、仔细识图。

六、实训评价

序号	考核项目	参考分	标准值	得分
1	定点放线	0~45分	随机抽取 3 处, 每处误差±(0~20) mm, 15分; 误差±(30~40) mm, 10分; 误差±(50~60) mm, 5分; 误差>60mm, 0分	
2	花坛边线尺寸	0~15分	随机抽取 1 处, 误差±(0~20) mm, 15分; 误差±(30~40) mm, 10分; 误差±(50~60) mm, 5分; 误差>60mm, 0分	
3	线条顺直	0~10分	是/否	
4	操作规范	0~15分	是/否	
5	网格大小	0~15分	随机抽取 1 处, 误差±(0~10) mm, 15分; 误差±(10~20) mm, 10分; 误差±(20~30) mm, 5分; 误差>30mm, 0分	
考核成绩（总分）				

土 方 施 工

在园林工程建设过程中，一般来说第一个要做的项目是园林土方工程，园林土方工程是园林工程的先行工程，也是基础工程，它的完成速度和质量在一定程度上影响着后续工程。土方工程施工的内容包含挖、运、填、压。土方开挖涉及的工程有湖池开挖，以及路基、路槽、管沟、建筑基坑、基槽等开挖；土方填筑涉及的工程有土山堆造，路基、路槽、管沟、建筑基坑、基槽等填埋，以及微地形营造等。

土方工程量计算方法

园林土方工程施工准备

土方挖方施工

土方填压施工

实训三　水池开挖施工

一、实训目标

1. 掌握水池高程放样和边坡放样方法。

2. 能正确使用工具和方法对土方进行挖掘施工。

3. 培养学生吃苦耐劳的精神和团结协作的意识，培养学生精益求精、一丝不苟的职业精神。

二、实训内容

学生按每组 5~6 人分组，完成如图 2-1 所示的水池开挖任务。

三、实训工具与材料

1. 工具

铁锹、泥桶、激光水平仪、水平尺、卷尺等。

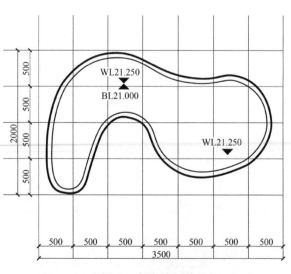

图 2-1　水池平面图

2. 材料

木桩、白灰、铁钉等。

四、实训操作流程与要点

实训操作流程：水池平面（水池边界）放线→测设开挖深度、立标高桩→制作边坡样板→水池开挖→边坡检测→修边坡→边坡压实→池底高程检测→修池底→池底压实。

实训要点：

1. 水池平面（水池边界）放线

根据图纸中的方格网大小使用卷尺将水池平面测设到实训场地的地面上，如图 2-2 所示；然后将图纸中水池边界线与方格网的交点测设到地面上，如图 2-3 所示，其中的 1、2、3 … 22 各点定出测设点后在定点从位置上插上木桩，然后使用皮尺沿着木桩底部连线并撒白灰进行定位，如图 2-4 所示。

图 2-2　测设网格线

2. 测设开挖深度、立标高桩

根据图纸中的设计标高在水池内测定若干点位，在 A～F 处打上木桩（图 2-5），根据设计标高与场地实际标高计算出开挖深度，画线并将开挖深度标在木桩上。

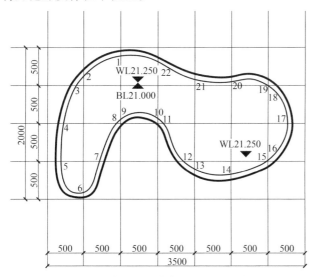

图 2-3　水池边界线与方格网的交点

图 2-4　撒白灰定位

3. 制作边坡样板

水池具有一定边坡，如图 2-6 所示，使用铁锹按水池边线位置找出设计坡度制成边坡样板，便于检查边坡坡度。

4. 水池开挖

开挖时先沿岸线把边线的位置挖出来，因为实训场地为沙地，所以开挖时需洒水，以防施工时灰尘太大。然后按设计标高进行分层开挖，如图 2-7 所示。开挖时注意控制池底标高，挖土过程中要时刻监测池底标高，严禁超挖。接近池底标高时，对池壁进行修整并夯实，如图 2-8 所示。

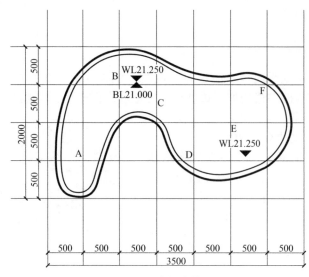

图 2-5　木桩点位

图 2-6　水池边坡断面图

图 2-7　池体开挖

图 2-8　水池成品效果

注意事项：

（1）现场施工人工开挖时，要保证两人之间有 4~6m² 的工作面积，两人同时作业的间距不小于 2.5m。

（2）开挖时，严禁超挖。实际施工过程中，如个别地方发生超挖，应在征得设计单位的同意后进行处理，不得私自处理。基坑开挖后应尽量减少对基土的扰动。若当天不能及时做基础施工，可在基底标高以上预留出 20~30cm 厚土层，待做基础时再挖至设计标高。

五、实训小结

1. 开挖时要分层开挖。

2. 开挖过程中要监测池底高程。

3. 水池开挖重点是池底不能超挖。

六、实训评价

序号	考核项目	参考分	标准值	得分
1	定点放线	0~15分	随机抽取 1 处，误差±（0~20）mm，15 分；误差±（30~40）mm，10 分；误差±（50~60）mm，5 分；误差>60mm，0 分	
2	尺寸	0~15分	随机抽取 1 处，误差±（0~20）mm，15 分；误差±（30~40）mm，10 分；误差±（50~60）mm，5 分；误差>60mm，0 分	
3	坡面顺直	0~10分	是/否	
4	操作规范	0~15分	是/否	
5	池底标高	0~45分	随机抽取 3 处，每处误差±（0~10）mm，15 分；误差±（10~20）mm，10 分；误差±（20~30）mm，5 分；误差>30mm，0 分	
考核成绩（总分）				

实训四　微地形营造施工

一、实训目标

1. 掌握微地形高程放样方法。

2. 掌握微地形营造方法。

3. 培养学生吃苦耐劳精神。

4. 培养学生团结协作的意识和审美鉴赏的能力。

园林地形竖向设计

二、实训内容

学生按每组 5~6 人分组，完成如图 2-9 所示的微地形营造任务。

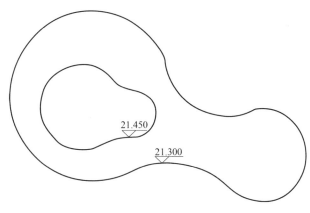

图 2-9　微地形平面图

三、实训工具与材料

1. 工具

铁锹、泥桶、夯板、激光水平仪、水平尺、卷尺等。

2. 材料

木桩、白灰、铁钉等。

四、实训操作流程与要点

实训操作流程：微地形（外围边界）放线→钉坐标桩→立标高杆→填土→微地形堆造。

实训要点：

1. 微地形（外围边界）放线

同水池平面放线方法一样，先在施工场地内把方格网测设到实训场地的地面上，然后把微地形外边线与方格网的交点测设到地面上，并插上木桩，然后沿木桩底部撒白灰线，如图 2-10～图 2-12 所示。

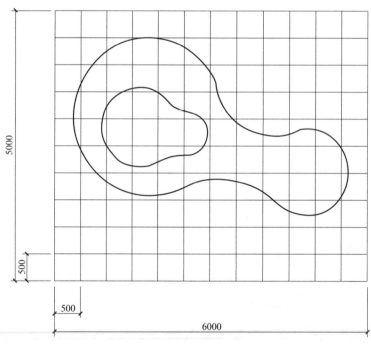

图 2-10　微地形网格线

2. 钉坐标桩

在地面方格网上测设出设计地形的等高线与方格网的交点，依次标到地面上并钉木桩作为坐标桩。

3. 立标高杆

在山体范围线或外圈等高线、山头中心点、凹凸中心线或等高线的转折点等处立木桩作为标高杆（图 2-13），标高杆的刻度按土山设计图上的等高线之差确定。

使用激光水平仪测定出每层等高线的位置并使用记号笔在标高杆上标记出高度。

图 2-11 测设网格线

图 2-12 撒白灰线

4. 填土

测定标高后，先在地面的边线范围内根据场地实际标高与设计标高的差值进行第一层土的填筑或开挖，如图 2-14 所示，筑实后的土层厚度相当于标高杆第一刻度高。然后把土面略为整平，再依据标杆第二层的等高线堆填第二层土，在土方达到要求后压实到标高杆的第二刻度高。以后各层等高线的放线和堆土，均按此程序从下而上顺序堆成，堆出最高点为止。然后根据地形进行修整，保证地形的堆填及坡度符合设计要求，如图 2-15、图 2-16 所示。

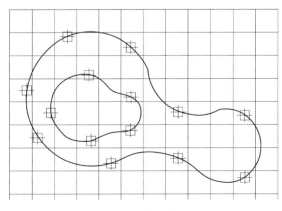

图 2-13 标高杆位置点

图 2-14 土方填筑

图 2-15　坡地整形　　　　　　　　　图 2-16　微地形成品效果

注意事项：

（1）堆土过程中，要注意控制堆土的范围。地形回弯凹进处，要留空不填；地形凸出位置上，则要按设计外凸。地形边缘部分的放坡，要做边坡放样板进行检查。

（2）现场施工填土料时，要清除场地内的草皮、树根等杂物，若遇有积水、池塘、沼泽等地段，应先将水排尽，将淤泥全部挖出后再进行换填处理。

五、实训小结

1. 地形标高杆的高度要正确。

2. 微地形填土的关键是分层填筑、压实。

六、实训评价

序号	考核项目	参考分	标准值	得分
1	定点放线	0~15分	随机抽取 1 处，误差±（0~20）mm，15分；误差±（30~40）mm，10分；误差±（50~60）mm，5分；误差>60mm，0分	
2	尺寸	0~15分	随机抽取 1 处，误差±（0~20）mm，15分；误差±（30~40）mm，10分；误差±（50~60）mm，5分；误差>60mm，0分	
3	坡面顺直	0~10分	是/否	
4	操作规范	0~15分	是/否	
5	土方堆坡标高	0~45分	随机抽取 3 处，每处误差±（0~10）mm，15分；误差±（10~20）mm，10分；误差±（20~30）mm，5分；误差>30mm，0分	
考核成绩（总分）				

管 网 工 程

实训五 给水管网铺设工程施工

一、实训目标

1. 掌握给水工程中管道埋设的施工工艺流程及注意事项。
2. 学会园林灌溉设施的安装。

园林给水工程

喷灌系统施工

3. 培养学生严谨求实、追求完美的职业态度。培养学生责任意识、职业道德和工程素养。

二、实训内容

1. 学生按每组 5~6 人分组，完成如图 3-1 所示给水管道的埋设任务。
2. 按照图纸的要求把不同管径的给水管埋放在对应位置。

三、实训工具与材料

1. 工具

铁锹、锄头、热熔器、专用剪刀（剪管器）、钢卷尺、压力表等。

2. 材料

给水管及配件、水泥、砂、石灰等。

四、实训操作流程与要点

实训操作流程：定点放线→沟槽开挖→管道安装→管道试压→管道冲洗→土方回填。

实训要点：

1. 定点放线

根据管线平面布置图，利用管线与建筑物的平面尺寸关系撒白灰或打桩放线，先确定用水点的位置，结合用水点的位置再确定管道位置，使用木桩在用水点进行定位，使用白灰进行连线完成管道的放线，如图 3-2 所示。

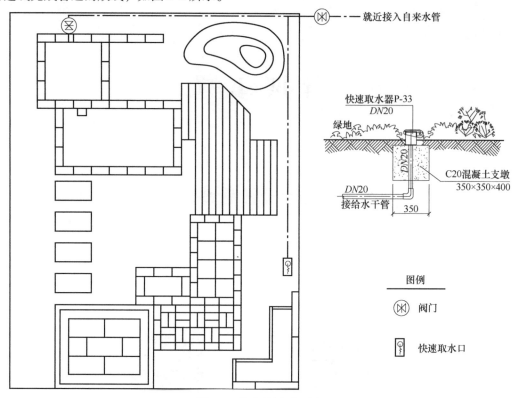

就近接入自来水管

快速取水器P-33
DN20

绿地

C20混凝土支墩
350×350×400

DN20

DN20

接给水干管

350

图例

阀门

快速取水口

图 3-1　给水管网平面图

2. 沟槽开挖

沟槽开挖的位置、基底标高、基底尺寸等应符合图纸的要求。沟槽弃土应及时运走，不得堆放在沟槽口附近妨碍施工和槽壁稳定，槽底的块石、树根、废桩等应清除或铲除，并及时用级配砂石回填夯实，如图 3-3 所示。

图 3-2　定位放线

图 3-3　沟槽开挖

3. 管道安装

将准备好的给水管沿着开挖后的沟槽摆好，在需要切割管线的位置用剪管器剪断。剪管器刀片卡口应调整到与所切割管线的管径相符，旋转切断时应均匀加力。断管时，断面应同管轴线垂直，无毛刺。切断后，切口位置应用配套整圆器整圆。

剪管的同时可以将热熔机通电预热，如图 3-4 所示。管道连接前，应先清除管道及附件上的灰尘及异物。管道连接采用热熔机加热管材和管件，管材和管件的热熔深度应符合要求。连接时，无旋转地把管端插入加热套内并到达预定深度，如图 3-5 所示。同时，无旋转地把管件推到加热头上加热，达到加热时间后，立即把管材与管件从加热套与加热头上同时取下，迅速无旋转地均匀用力地相互插入所要求的深度，使接头处形成均匀凸缘，如图 3-6 所示。

图 3-4 热熔机预热

图 3-5 热熔机加热管材

图 3-6 管材对接

注意事项：

（1）在规定的加热时间内，刚熔接好的接头还可进行校正，但严禁旋转。将加热后的管材和管件垂直对准推进时用力不要过猛，防止弯头弯曲。连接完毕后，必须紧握管材与管件保持足够的冷却时间，冷却到一定程度后方可松手。

（2）水平管道纵、横方向弯曲度，立管垂直度须满足表 3-1 要求。

表 3-1 管道安装允许偏差

项目		允许偏差/mm
水平管道纵、横方向弯曲度	每米管道	1.5
	全长 25m	>25
立管垂直度	每米管道	3
	全长 25m	>10

4. 管道试压

管道全部安装完毕后再全面检查核对已安装的管道、阀门等，全部符合设计和技术规范规定后，把不宜和管道一起试压的配件拆除，换上临时堵头，所有开口处需使用堵头封堵，并从最低处灌水，从高处放气。管道注满水后，先排出管道内空气，再进行水密性检查。

加压宜用手动泵，升压时间不小于10min，测定仪器的压力精度应为0.01MPa。冷水管试验压力，应为管道系统工作压力的1.5倍，但不得小于1.0MPa。至规定试验压力稳压1h，测试压力下降不得超过0.06MPa。然后下降至工作压力的1.15倍稳压2h，进行外观检查，不渗不漏且压力下降不超过0.03MPa为合格。试压合格后，将试压设备拆除，然后将其他管（配）件安装到位。管道试压如图3-7所示。

图3-7　管道试压

注意事项：

（1）采用热熔连接方式连接的管道，水压试验应在热熔连接24h后进行。

（2）水压试验前管道应固定，接头须明露在外。

5. 管道冲洗

试压合格的管道应进行冲洗工作，管道冲洗时排放的废水应流入排水系统，并应保证排放畅通和安全。冲洗应连续进行，当出口处水的颜色、透明度与入口处的入水基本一致时，冲洗方可结束。管网冲洗的水流方向应与使用时管网的水流方向一致。管网冲洗结束后，应将管网内的水排除干净，必要时可采用压缩空气进行吹干。管网冲洗合格后，及时将存水排净，有利于保护冲洗成果；如管网不能立刻投入使用，应用压缩空气将其管壁吹干，并加以封闭。

待管道冲洗后将管道上的取水口安装好，安装时先在取水口的螺口位置使用生料带进行缠绕，如图3-8所示。待缠好后将取水口连接在给水管配件上，如图3-9所示。

图3-8　取水口缠生料带

图3-9　取水口连接至管件

6. 土方回填

管道回填时，管道两侧及管顶 100mm 左右应先用沙子填筑，然后再用开挖后的良土回填。回填物应分层摊铺、分层夯实，每层夯实厚度不得超过 200~300mm，压实度应达到 80% 以上。管道两侧应同时、分层、对称地回填夯实，以防管道因单向填筑而移位，如图 3-10 所示。

图 3-10　土方回填

五、实训小结

1. 施工技术要点是管道的接口处理，管道采用热熔连接时应注意管道要干净，切口应平整，热熔机温度要达到 260℃ 左右，热熔时间要合适，深度、对接的角度要正确，对接时不能旋转。

2. 管道安装完成后一定要进行试压。

3. 管材连接时，应迅速无旋转地、均匀用力地插入。

六、实训评价

序号	考核项目	参考分	标准值	得分
1	定点放线	0~15分	随机抽取 1 处，误差 ±(0~20) mm，15 分；误差 ±(30~40) mm，10 分；误差 ±(50~60) mm，5 分；误差>60mm，0 分	
2	管网安装标高	0~30分	随机抽取 2 处，每处误差 ±(0~5) mm，15 分；误差 ±(5~10) mm，10 分；误差 ±(10~15) mm，5 分；误差>15mm，0 分	
3	管道基础面夯实	0~15分	是/否	
4	给水管闭水试验	0~15分	压力下降符合要求，是/否	
5	管道冲洗	0~15分	是/否	
6	给水管（配）件安装	0~10分	安装符合要求，是/否	
考核成绩（总分）				

实训六　排水工程施工

一、实训目标

1. 通过实训了解排水管道的布置形式。

2. 掌握排水工程中 PVC 排水管埋设的施工工艺流程及注意事项。

3. 结合排水施工，培养学生因地制宜、因时制宜、顺应自然、天人合

园林排水工程

一的匠心精神。

二、实训内容

学生按每组 5~6 人分组，完成图 3-11、图 3-12 所示雨水管网中 *DN75* 管道的埋设及检查井砌筑任务。管道与检查井连接时按照图 3-13 所示方式连接。

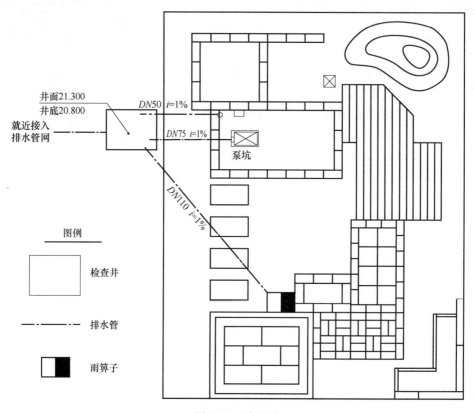

图 3-11 平面图

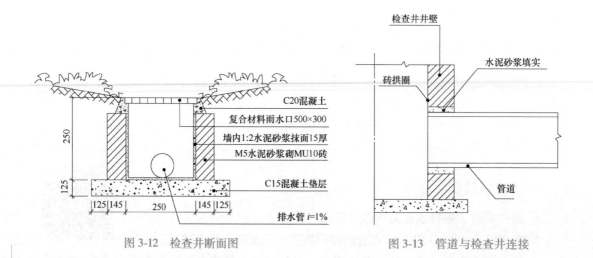

图 3-12 检查井断面图   图 3-13 管道与检查井连接

三、实训工具与材料

1. 工具：铁锹、锄头、抹子、线团、钢卷尺、标尺、记号笔、泥桶、手套、口罩、激光水平仪等。

2. 材料：PVC 排水管、砖、水泥、砂、石灰等。

四、实训操作流程与要点

实训操作流程：定点放线→沟槽开挖→管道基础施工→管道安装→检查井砌筑→回填土方。

实训要点：

1. 定点放线

根据图纸设计的位置测放出检查井的中心点位，然后用石灰定位管网的走向及检查井的位置并在检查井的中心点位置打桩定位，如图 3-14 所示。

2. 沟槽开挖

开挖时，检查井同管道沟槽同时开挖，一般来说是从排水管道的上游方向开始向下游方向开挖，如图 3-15 所示，开挖时根据实

图 3-14　定点放线

际图纸情况和开槽深度，采取 1:1 沟槽放坡。一边开挖一边使用水准仪严格控制沟槽底部高程，并实时校准，如图 3-16 所示。此次实训的主要目的是模拟现场施工，沟槽开挖的工作均由人工开挖完成，开挖时标高均采用绝对标高，具体参照图纸中检查井之间的高程。

图 3-15　沟槽开挖

图 3-16　复核管沟标高

注意事项：

（1）沟槽开挖至设计高程时应及时修正找平，槽底宽度应符合要求（管径+400mm）。

（2）开挖堆土处距沟槽边缘不小于 1m，且高度不应超过 1.5m，以防止塌方。

（3）沟槽开挖完成后，应清槽并进行沟槽的检验。

3. 管道基础施工

根据图纸设计要求，管道基础一般采用级配砂垫层，基础铺设厚度不小于100mm，因实训场地是沙地，垫层就不再铺设了，直接在其上进行管道基础的夯实工作，夯实后表面应平整、坡度顺畅，其密实度按轻型击实试验标准不得低于90%。

注意事项：实际工程中的垫层材料要铺设均匀，密实度要达到设计要求。

4. 管道安装

管道铺设前，应对开槽后的坡度、槽深度、基础表面标高、检查井等作业项目分别进行检查，沟槽应无污染、无杂物，基础面无扰动，检查合格后方可进行管道敷设。管道敷设时，从沟槽的一端集中下管，在槽底将管道移至安装位置。管道的长度调整应使用手锯切割，切割时应保证断面垂直平整，避免损坏。

管道安装时将管材插口顺水流方向、承口逆水流方向安装，应从排水管道的下游方向往上游方向安装，如图3-17所示。

注意事项：实际工程中排水管也有使用PE管的，PE管管材接口前，应先检查橡胶圈是否配套完好，确认橡胶圈安装位置及插口的插入深度。接口时，先将承口内壁清理干净，并在承口及插口橡胶圈上涂润滑剂（硅油），然后将承（插）口端面的中心轴线对齐；先由一人用棉绳套住被安装管道的插口，另一人用长撬棍斜插入基础，并抵住该管端部中心位置的横挡板，然后用力将该管的承口缓缓插入至预定位置；接口合拢时，管材两端的手拉葫芦同步拉动，使橡胶密封圈同步就位，不扭曲、不脱落。管道接口完成后，复核管道的高程和轴线位置使其符合要求。

5. 检查井砌筑

（1）基础处理。检查井底要人工夯实基础土面，人工浇筑混凝土基础，使用插入式振捣棒振捣，人工找平（从环保角度考虑，基础垫层省略不做）。

（2）摆砖。开始砌筑时先进行摆砖，排出灰缝宽度，内灰缝应尽量缩小，全部采用丁砖砌筑，上下层砌筑必须使各皮砖的竖缝相互错开，如图3-18所示。

图3-17 管道安装

图3-18 摆砖

（3）砌砖注意事项：①砌筑前砌块应充分湿润。②检查井内的溜槽，宜与井壁同时进行砌筑。③砌块砌筑时，应垂直砌筑，铺浆应饱满，灰浆与砌块四周应黏结紧密、不得漏浆，上下砌块应错缝砌筑。竖缝采用挤浆法施工，使其砂浆饱满，竖缝不得出现透明缝、瞎缝和假缝。④内外井壁应采用水泥砂浆砌筑，掉入井底的砂浆及杂物应及时清除干净，砌体大放脚的摆底尺寸及收退方法，必须符合设计图纸规定。⑤检查井接入圆管的管口应与井内壁平齐。⑥实际工程中部分检查井深度比较深时，砌块需做收口处理，具体应按设计要求的位置进行收口，四面收口时每层收进不大于 30mm，偏心收口时每层收进不大于 50mm。⑦砌筑检查井时涉及需要预留支管时，应同时安装预留支管，预留支管的管径、方向、高程应符合设计要求，管与井壁衔接处应严密，预留支管管口宜采用低强度等级砂浆砌筑封口并抹平。⑧实际工程中若遇检查井较高时，应设置爬梯。砌筑时爬梯应按设计要求制作（进行防腐处理），安装后在砌筑砂浆未达到规定的抗压强度前不得踩踏。

（4）粉刷抹灰。抹灰应采用防水水泥砂浆并应抹光。抹面应分两道工序制作，先刮糙，打底后抹光，抹面宜先外壁后内壁施工，厚度一般为 15mm，刮糙厚度一般控制在 10mm 内，用直尺刮平；待水泥砂浆终凝后，应及时粉刷第二道水泥砂浆，并压实抹光（从环保角度考虑，粉刷抹灰省略不做）。

6. 回填土方

管道安装完经检测合格后，立即回填土方，如图 3-19 所示。沟槽回填时先由人工填实管底，管底密实后再回填管道两侧；然后回填至管道顶部直至地面高度。

图 3-19　回填土方

注意事项：

（1）实际工程中，回填土方从管道两侧到管顶以上 500mm 范围内的回填土材料必须严格控制质量，不得含有碎石、砖块、垃圾等杂物，回填必须采用人工夯实。

（2）当回填土超出管顶 500mm 时可用小型机械夯实，每层松土厚度应为 250～400mm。夯实作业从管沟壁开始逐渐向管顶靠近，应两侧对称进行，并达到规定的压实度。其余部位至道路结构层下，采用沟槽土回填，回填严格按照现行规程进行。

五、实训小结

1. 管道开挖顺序从上游往下游方向开挖，管材安装顺序从下游往上游方向安装。
2. 回填土方时应首先确保管道底部回填密实，然后再分层回填至地面标高。

六、实训评价

序号	考核项目	参考分	标准值	得分
1	定点放线	0～15 分	随机抽取 1 处，误差 ±（0～20）mm，15 分；误差 ±（30～40）mm，10 分；误差 ±（50～60）mm，5 分；误差>60mm，0 分	
2	管网安装标高	0～30 分	随机抽取 2 处，每处误差 ±（0～5）mm，15 分；误差 ±（5～10）mm，10 分；误差 ±（10～15）mm，5 分；误差>15mm，0 分	
3	管道基础面夯实度	0～10 分	是/否	

（续）

序号	考核项目	参考分	标准值	得分
4	检查井砌筑	0~5分	是/否	
5	检查井墙体长度	0~20分	随机抽取2处，每处误差±(0~2) mm，10分；误差±(3~4) mm，5分；误差>4mm，0分	
6	检查井墙体宽度	0~20分	随机抽取2处，每处误差±(0~2) mm，10分；误差±(3~4) mm，5分；误差>4mm，0分	
考核成绩（总分）				

园林建筑小品施工

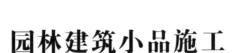

实训七　花坛砌筑施工

一、实训目标

1. 培养学生的动手能力，能理论联系实际，了解花坛或树池砌筑工程的基本操作流程，巩固课题理论知识。

2. 掌握花坛的一般构造要求，能进行花坛砌筑。掌握砌筑的质量通病，能分析其原因并提出相应的防治措施和解决办法。

3. 熟悉砌筑工程质量检查验收内容，能按照砌筑质量标准进行自检和互检。

花坛工程

砌筑花坛施工

砌体工程

二、实训内容

1. 在实训场地，学生每 5 人为一组，在划定的区域进行施工操作。

2. 以花坛的施工图为依据进行施工，相关平面图、立面图、剖面图如图 4-1 ~ 图 4-3 所示。

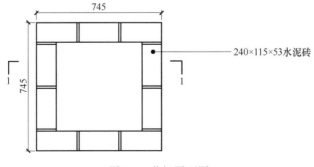

图 4-1　花坛平面图

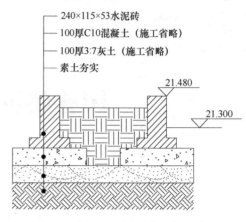

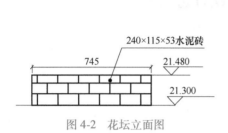

图 4-2 花坛立面图　　　　　　　　　　　　图 4-3 花坛剖面图

三、实训工具与材料

1. 工具

铁锹、钢卷尺、木夯、靠尺、瓦刀、托线板、线垂、墨斗、小白线、水平尺、皮数杆、小水桶、灰槽、扫帚等。

2. 材料

砖、水泥、砂、白灰等。

四、实训操作流程与要点

实训操作流程：基槽定位放样→基础处理→砌筑施工→饰面施工→种植床整理。

实训要点：

1. 基槽定位放样

根据花坛设计要求，将花坛砌体图形测放到地面上，具体操作如下：

（1）根据图纸中花坛的大小，在场地打桩定点。

（2）用白灰将各桩点连接，在场地放出花坛范围，如图 4-4 所示。

注意事项：现场施工时若遇花坛面积较大，可使用全站仪用坐标定位来放线。放线时要注意先后顺序，避免踩坏已经做好的标志。

2. 基础处理

（1）放线完成后，按照白灰放出的花坛边缘线开挖基槽，并进行放大开挖处理以防止土方塌落。基槽开挖宽度应比墙体基础宽 30~50cm，深度以设计标高为准。

（2）基槽槽底应进行平整，并进行素土夯实。根据设计图纸尺寸，撒白灰或者打角点桩做记号确定花坛基础的边线或者角点（图 4-5）。

（3）基层施工（从环保角度考虑，该程序省略不做）。现场施工时，一般的基层施工顺序为：素土夯实→碎石垫层→摊铺碾压→素混凝土垫层施工。

注意事项：

（1）采用人工摊铺时，应按试验值及标高确定摊铺厚度，碎石应尽量一次性上齐，其厚度应一致，颗粒应均匀分布。摊铺完采用立式打夯机夯实垫层。

图 4-4　基槽定位放样

图 4-5　基础处理

（2）施工混凝土垫层时，应放置木模板作为施工挡板，挡板高度应比垫层设计高度（100mm）略高，但不宜太高，测量出垫层的标高并用记号笔标记在挡板上。混凝土垫层施工完成后应及时养护。

3. 砌筑施工

（1）砌筑前，应使用尼龙线或白线根据花坛的尺寸将花坛的外边线测放出来，并根据标高测放出底砖顶面的标高，在工位内确定砌筑的边线和高度，如图 4-6 所示。

（2）对砖进行浇水湿润，使其含水率在 10%～15%。

（3）砌筑时根据前面测定的第一层砖的高程，如图 4-7 所示，依次将砖进行摆放并砌筑，直至完成第一层所有砖墙的砌筑。砌筑时，采用三一砌筑法砌筑，砌筑时注意控制砖块间的间隙。同时，要边施工边测定砖的高度和水平度，以及花坛的外边尺寸，如图 4-8 所示。然后依次完成下一层的砌筑，砌筑时应注意将上下两层的砖进行错缝处理，严禁出现通缝、瞎缝的情况，如图 4-9 所示。

图 4-6　花坛定位

图 4-7　底砖高程定位

图 4-8　花坛尺寸复核

图 4-9　错缝砌筑

　　当砌筑至第三层后，要使用线垂或水平尺对墙体的垂直度进行测定及校正，如图 4-10 所示，若误差较大需进行垂直度的调整。按照此顺序依次完成花坛墙体的砌筑。

　　注意事项：

　　（1）砌筑墙体时，墙体的标高、垂直度要控制好，若墙体偏差过大，后期石材装饰贴面时不好调平。

　　（2）砖砌花坛要求砂浆饱满、上下错缝、内外搭接、灰缝均匀。墙体砌筑好后，回填土将基础埋上，并夯实。

　　（3）实际工程中在砌筑前应对花坛位置、尺寸及标高进行复核，并在混凝土垫层上使用墨斗弹出中心线及墙体边线。

图 4-10　垂直度测定

　　（4）花坛平面若为圆形或弧形，砌筑时应选用全丁砌法，全丁砌法是指全部用丁砖砌筑而成，上下层错缝 1/4 砖长，仅用于砌筑圆弧形砌体。

　　花坛为圆弧形时，砌筑时墙体的水平度控制不好使用带线控制，可以选用水平尺或者铝合金尺来量测纠正水平，也可以考虑在花坛两侧设置皮数杆挂线控制整体的水平度及高度。

　　4. 饰面施工

　　此次所做的花坛为清水墙花坛，花坛的装饰主要是对墙体的缝隙进行勾缝处理。勾缝时应用勾缝刀勾缝 5mm 深，勾缝后需要将墙砖上的砂浆处理干净，如图 4-11 所示。

　　而在实际工程中一般会对花坛的墙面和顶面进行装饰，饰面施工参考如下：

　　（1）材料选用。严格按设计图纸选用材料，块料面层要求尺寸、规格一致，无缺棱掉角、开裂等现象。

（2）在基层抹灰前，应先对花坛砌体表面的杂物进行清理，并浇水湿润。

（3）面层贴面。

1）铺贴时应先做转角处的铺贴，并且转角接缝处铺装需做切边处理，使其转角呈90°，要方正密实。

2）根据块料面层尺寸将板材加工好后在已做好的基层上进行预摆，达到理想效果后开始铺贴。

3）铺贴时，先在墙体上铺撒一定厚度的干硬性砂浆，再在石材背面抹上素水泥浆。然后按照花坛面层的标高及尺寸进行面层的施工。

图 4-11　花坛成品效果图

现场施工时若遇圆弧形的花坛，在铺装时应先选择其中一侧作为起始点，铺贴过程中使用水平尺或者水准仪来测定贴面的垂直度和水平度。起始点贴好后，按顺序铺贴过去。每一行均拉线铺贴，严格控制面层平整度和灰缝水平度。

4）施工完成后，应洒水养护，同时要保证面层应无空鼓、缺棱掉角现象。

5. 种植床整理

花坛装饰完成后，对种植床进行整理。在种植床中填入较肥沃的田土，有条件的情况下再填入肥效较长的有机肥作为基肥，然后进行翻土作业，一边翻土、一边挑选，注意清除土中的杂物。

五、实训小结

1. 技术要求：砌体应满足建筑模数的要求，砌筑时要求砂浆饱满、上下错缝、内外搭接、灰缝均匀。同时，应满足结构的承载力、稳定性、构造与施工要求。

2. 安全：施工过程中应强调操作规范，加强安全防护用品的使用。

3. 需要注意的质量问题有灰缝饱满、上下错缝、内外搭接、墙体垂直度、墙体水平度、尺寸等，以保证砌体的稳定性（砌体最薄弱的部位是灰缝处）；尽量使用整模数砌块，少砍砖，以提高砌筑效率、节约材料。

六、实训评价

序号	考核项目	参考分	标准值	得分
1	基础是否经过分层夯实	0~10分	是/否	
2	是否有游丁走缝	0~5分	是/否	
3	完成面是否水平	0~15分	是/否	
4	完成面高度	0~20分	随机抽取2处，每处误差±(0~2) mm，10分；误差±(3~4) mm，5分；误差>4mm，0分	
5	水平灰缝砂浆饱满度	0~10分	发现一处不满足要求扣2分	

（续）

序号	考核项目	参考分	标准值	得分
6	墙体长度	0~20分	随机抽取2处，每处误差±（0~2）mm，10分；误差±（3~4）mm，5分；误差>4mm，0分	
7	墙体宽度	0~20分	随机抽取2处，每处误差±（0~2）mm，10分；误差±（3~4）mm，5分；误差>4mm，0分	
考核成绩（总分）				

实训八　景墙砌筑施工

一、实训目标

1. 培养学生动手能力，能理论联系实际，了解景墙砌筑工程的基本内涵、基本作用及基本操作流程，巩固课题理论知识。

景墙工程

景墙工程施工

2. 通过动手实践，掌握清水景墙的基本构造及施工方法、施工工艺，能选择并运用墙体砌筑材料进行景墙施工。

3. 了解砌体工程的质量检查规范，为以后进行类似工程的施工管理奠定一定的基础。

二、实训内容

1. 在实训场地，学生每5人为一组，在划定的区域进行施工操作。

2. 以某景墙结合水池的施工图为依据进行施工，相关平面图、立面图、剖面图如图4-12~图4-14所示。

三、实训工具与材料

1. 工具

铁锹、钢卷尺、石材切割机、翻斗车、打夯机、靠尺、瓦刀、线垂、白线、

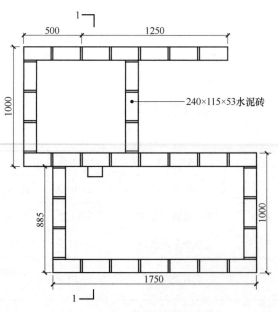

图4-12　景墙及水池平面图

水平尺、皮数杆、小水桶、灰槽、扫帚等。

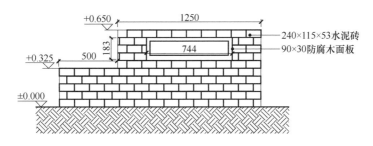

图 4-13　景墙及水池立面图

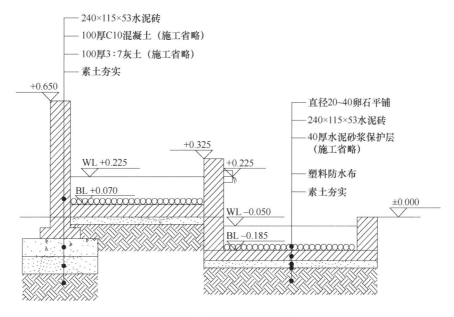

图 4-14　景墙及水池剖面图

2. 材料

砖、水泥、砂、白灰等。

四、实训操作流程与要点

实训操作流程：基槽定点放样→开挖基槽，并进行素土夯实→景墙基础施工→景墙墙身施工（弹线、抄平、砌筑）→景墙装饰（清水墙勾缝装饰或抹灰后瓷砖贴面装饰）。

实训要点：

1. 基槽定点放样

根据场地条件及设计图纸尺寸先将场地进行基本的平整，如图 4-15 所示。然后将景墙基础的平面位置（详见图 4-12、图 4-14，长 1250mm，宽 440mm）测放在地面上，如图 4-16 所示，用白灰放线做记号或者施打定位角点桩，确定景墙的平面位置。

| 图 4-15　平整场地 | 图 4-16　定位放线 |

2. 开挖基槽

此景墙为庭院微景观，景墙体量较小，土方开挖面积也较小，故采用人工开挖夯实土方的方法施工。开挖的时候需要在放线尺寸的基础上在四周做放大开挖，开挖尺寸比基础放线位置宽 30~50cm。开挖至基础面标高时同时将余土清理干净以便于后期施工，并严格按照设计密实度要求进行夯实、整平。

注意事项：

（1）实际工程中开挖时应保证人员在基础里面操作时有足够的操作面。

（2）基础土方开挖过程中，应做好沟槽的坡面处理，防止土方塌落导致基础尺寸不足。

3. 景墙基础施工（从环保角度考虑，基础施工省略不做）

注意事项：实际施工过程中，景墙往往是搭配其他景观元素一起施工的，在进行基础施工时可以同步进行，当然也要注意景墙与其他景观元素之间的高差关系。

4. 景墙墙身施工

（1）弹线。根据施工图纸内标注的景墙基础平面位置及砖砌体大放脚尺寸（长度为 1370mm，宽度为 240mm），在工位内确定基础砖砌体的边线或者中心线位置。大放脚做法详见《建筑地基基础设计规范》（GB 50007—2011）。

（2）抄平。由于工位内为沙地，高低参差不齐，所以在砌筑前应使用带齿抹子或其他工具将沙地面抄平，保证基础面的平整度和高程均符合设计要求。

注意事项：实际工程中基础混凝土是由人工浇捣的，基础面平整度会有所偏差，所以在砌筑之前应使用 M7.5 水泥砂浆进行找平。

（3）景墙墙身砌筑。景墙墙身是"120 墙"，砌筑采用的方法是"全顺"砌法，"全顺"砌法是指全部用顺砖砌筑而成，上下层错缝 1/2 砖长，仅用于砌筑半砖厚的墙体。

砌砖时宜采用一刀灰、一块砖、一挤压的"三一"砌筑法，砌砖时，砖要放平。砌筑时一定要跟线，做到"上跟线，下跟棱，左右相邻要对平"。水平和竖向灰缝的厚度和宽度一般为 8~12mm。随砌随将舌头灰刮平，并用靠尺检查墙面垂直度和平整度，随时纠正偏差。

墙身砌筑具体操作步骤：

1）砌筑前，先将砖浇水湿润。砌砖时先将墙体基础大放脚两头的砖块进行定位，以保证砖砌体的尺寸、高度、平整度均满足设计图纸要求。然后用白线挂线放在两头的定位砖块上，白线同定位砖块的边线齐平，如图4-17所示。挂完线之后，按顺序将基础大放脚的砖砌体砌筑好。

2）基础大放脚砌好后，开始砌筑墙身，墙身的位置按照设计图纸要求需要将尺寸缩减至墙身的宽度（砖宽），砌筑方法同样是使用"三一"砌筑法。砌筑时一层一层地将砖块砌筑上去，边砌筑边控制墙体的平整度、垂直度，如图4-18所示。墙身砌至地坪面（±0.000m）以上时，可以根据实际情况看是否需要进行基础土方回填或待墙身全部砌筑完成后回填土方。

图4-17　挂线定位

图4-18　控制墙体的平整度、垂直度

根据施工图纸要求，当墙体砌筑至相对标高0.39m时，墙身上还需要嵌入一个木框，如图4-19所示。在该部分砌筑时，先将此段木框以下部分砌筑好，然后将木框两端的位置砌筑出来并预留出中间木框的位置，待砖砌体砌平至木框框顶标高时，制作木框并将木框嵌入进去用砂浆固定好。最后砌筑木框框顶以上的部分，砌筑完最后一层时需要适时纠正景墙的偏差（水平度、标高等）。

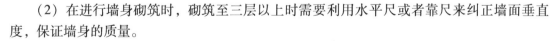

图4-19　木框制作

注意事项：

（1）根据墙身尺寸及砖块的模数计算，在砌筑时有部分砖块为半砖或非整砖，所以在砌筑的时候需要使用石材切割机将砖块按照砌体砖块模数的要求进行切割。

（2）在进行墙身砌筑时，砌筑至三层以上时需要利用水平尺或者靠尺来纠正墙面垂直度，保证墙身的质量。

（3）此次景墙砌筑是景墙结合水池的做法，所以砌筑时在水池的转角处需要留出槎口（马牙槎），如图4-20所示，以方便后续水池的砌筑。现场施工时遇墙体有转角或者不能一次性砌筑完墙体时，均需预留槎口。

5. 景墙装饰

此次景墙砌筑的墙体为清水墙，需要做的景墙装饰就是墙面勾缝，如图4-21所示。墙面勾缝前，应清扫墙面上黏结的砂浆和灰尘，然后使用勾缝刀勾缝。勾缝时，宜按照"从上而下，先横缝，后竖缝"的顺序勾缝，如图4-22所示。

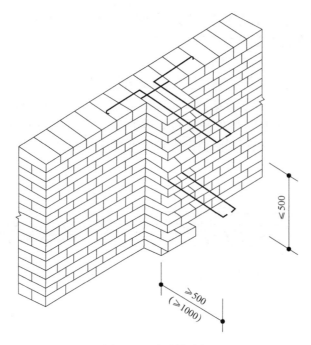

≤500

≥500
(≥1000)

图 4-20　马牙槎示意

图 4-21　勾缝

图 4-22　景墙勾缝成品效果图

注意事项：实际工程中需要做勾缝时，宜在墙体砌筑 3～6 层时就开始勾缝，防止时间太长后砂浆凝结硬化不好做勾缝处理。

五、实训小结

1. 质量

依据既定的景墙砌筑的质量检查标准，对学生所做的景墙进行质量检查评定，并找出质量通病。应避免的质量问题：基础墙与上部墙错台，灰缝大小不匀，砖墙鼓胀，通缝，灰缝不饱满，墙身尺寸、水平度及垂直度误差过大等。

2. 安全

实际工程中施工相关人员进入施工场所要注意佩戴手套和安全帽等保护用品。实训时应教育并时刻提醒学生无论何时何地都应做到安全第一、文明施工，强化学生规范施工的思想。

3. 墙体施工要求

灰缝横平竖直、砂浆饱满、厚薄均匀，砌块上下错缝、内外搭接、接槎牢固，墙身应垂直。

4. 槎口的设置

当砌体不能同时砌筑的时候，在交接处一般要预留槎口，以保持砌体的整体性与稳定性。槎口常留在构造柱、墙体的转弯连接位置（整体凸出的部分或预留成阶梯状）。

六、实训评价

序号	考核项目	参考分	标准值	得分
1	基础分层夯实	0～10分	是/否	
2	无游丁走缝	0～5分	是/否	
3	完成面是否水平	0～15分	是/否	
4	完成面高度	0～20分	随机抽取 2 处，每处误差±(0～2) mm，10分；误差±(3～4) mm，5分；误差>4mm，0分	
5	砂浆灰缝饱满度	0～10分	发现一处不满足要求扣 2 分	
6	墙体长度	0～20分	随机抽取 2 处，每处误差±(0～2) mm，10分；误差±(3～4) mm，5分；误差>4mm，0分	
7	墙体宽度	0～20分	随机抽取 2 处，每处误差±(0～2) mm，10分；误差±(3～4) mm，5分；误差>4mm，0分	
考核成绩（总分）				

实训九 坐凳施工

一、实训目标

1. 掌握坐凳的基本结构与坐凳的形式。

2. 掌握坐凳的施工方法。

二、实训内容

1. 在实训场地，学生每4~5人为一组，在划定的区域进行坐凳的施工操作。

2. 以木坐凳（木作结合砌筑）的施工图为依据进行施工，相关平面图、立面图、剖面图如图4-23~图4-25所示。

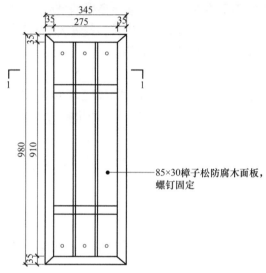

图 4-23　木坐凳平面图

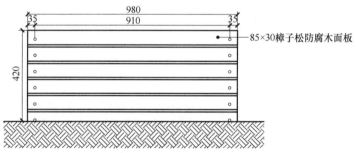

图 4-24　木坐凳立面图

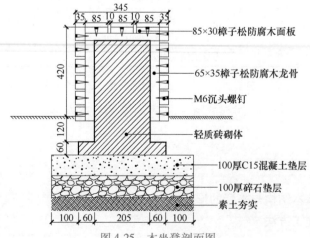

图 4-25　木坐凳剖面图

三、实训工具与材料

1. 工具

钢卷尺、泥刀、铁锹、白线、打夯机、切割机、钢钎、电钻、水平尺、水准仪等。

2. 材料

白灰、砂、水泥、水泥砖、防腐木等。

四、实训操作流程与要点

实训操作流程：定点放线→基础处理→坐凳基础砌筑→坐凳龙骨固定→坐凳面层固定→坐凳侧面装饰。

实训要点：

1. 定点放线

根据施工图纸将坐凳基础平面位置用白灰或者钢钎定位所需开挖位置。

2. 基础处理（从环保角度考虑，基础施工省略）

注意事项：进行下部混凝土垫层模板支设时，支设前经现场施工人员测量放线后在其相对位置处，由木工进行模板的支设。模板支设应足够牢固且施工后易于拆卸，支设后应涂刷脱模剂，避免拆模时破坏垫层边角。

浇筑前应对基层底及侧模提前进行浇水湿润，且不得出现明显水渍。垫层浇筑时应沿长边方向浇筑，浇筑过程中应随浇筑随抹面，在混凝土垫层终凝前应进行第二次抹面施工。

3. 坐凳基础砌筑

按照设计图纸，将坐凳基础位置进行定位，如图 4-26 所示，然后拌制砂浆进行砌筑。砌筑应做到上下、内外交错，转角的砌体不得采用包心砌法，不得出现错缝小于 60mm 的内通缝。砌体砂浆应饱满，砖缝应均匀，水平及竖直灰缝厚度应为 8~12mm，如图 4-27 所示。

图 4-26　坐凳基础定位

4. 坐凳龙骨固定

坐凳的龙骨为 65mm×35mm 的防腐木，按照坐凳设计的平面外形尺寸加工龙骨。坐凳基础砌筑到设计标高后，将加工好的龙骨使用 M3.5 自攻螺钉进行固定，使坐凳龙骨整体成形，如图 4-28 所示。

图 4-27　坐凳基础砌筑成品

图 4-28　坐凳龙骨固定

5. 坐凳面层固定

　　坐凳面层为 85mm×30mm 防腐木，应按照设计图纸进行加工切割成段，如图 4-29 所示。固定时按照排列顺序使用螺钉进行调平固定，如图 4-30 所示。固定完成后，将坐凳面层内外边进行打磨处理，保证坐凳外边的平整度。

图 4-29　加工面层

图 4-30　面层固定

6. 坐凳侧面装饰

坐凳面层完成后，进行坐凳侧面的装饰。坐凳侧面的装饰面为防腐木，整体施工流程类似面层的安装。施工时先将龙骨固定成形，然后在龙骨表面安装侧板，如图 4-31 所示，直至完成整体坐凳的施工，如图 4-32 所示。

注意事项：制作时应测量好坐凳面的标高和水平度，以及坐凳侧面装饰板的垂直度。

图 4-31　侧板固定　　　　　　　　图 4-32　坐凳成品效果图

五、实训小结

1. 此次实训在砌筑坐凳基础的时候，要确保基础的平面外形、尺寸达到设计要求。

2. 施工用龙骨为防腐木，安装前要进行弹线定位并校正，确保龙骨的形状及位置能达到设计要求。实际工程中还需要对木龙骨进行防腐处理后才能进行面板的安装。

六、实训评价

序号	考核项目	参考分	标准值	得分
1	坐凳长度	0~20分	随机抽取 2 处，每处误差±(0~2) mm，10 分；误差±(3~4) mm，5 分；误差>4mm，0 分	
2	坐凳宽度	0~20分	随机抽取 2 处，每处误差±(0~2) mm，10 分；误差±(3~4) mm，5 分；误差>4mm，0 分	
3	坐凳标高	0~20分	随机抽取 2 处，每处误差±(0~2) mm，10 分；误差±(3~4) mm，5 分；误差>4mm，0 分	
4	水平灰缝砂浆饱满度	0~10分	灰缝不饱满，每 1 处扣 1 分	
5	水平度	0~15分	≤3mm	
6	垂直度	0~15分	≤5mm	
考核成绩（总分）				

实训十 花架工程施工

在园林景观中，花架常出现在公园隅角、园路一侧、道路转弯处、建筑物旁等地方，一般为简单的网格式、直花式形式，偶尔为独立观赏的建筑，花架多配合植物景观作为攀缘植物的骨架。花架在园林中主要起到联系、分隔与围合空间的作用，并为游人提供遮阳、休息的场所。

一、实训目标

1. 通过该项实训，使学生掌握花架的基本构造与表现形式。

2. 通过实训了解花架施工的工序及技术要领，拓宽学生的知识面，增加感性认识，激发学生向实践学习和探索的积极性。

3. 通过实训能合理选择花架建造所需的材料，并进行花架工程施工。

廊架工程

二、实训内容

1. 某花架主体采用防腐木制作，施工图如图 4-33~图 4-37 所示。

2. 分组进行施工，学生每 4~5 人为一组，施工过程要相互分工协作，并具体落实每个人的工作。

三、实训工具与材料

1. 工具

钢卷尺、铁锹、墨斗、泥抹子、振捣棒、切割机、冲击钻、电钻等。

2. 材料

白灰、白线、砂、卵石、水泥、钢筋、模板、防腐木、角码、预埋件、油漆等。

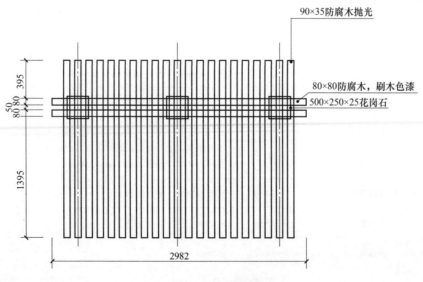

图 4-33 花架平面图

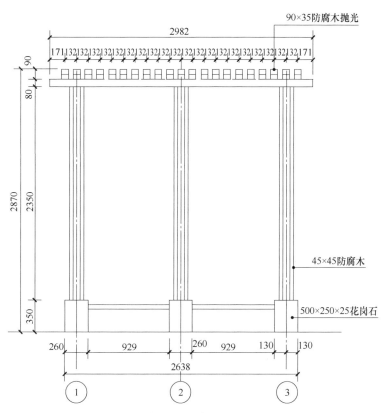

图 4-34　花架立面图

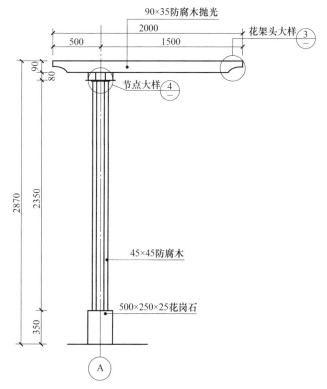

图 4-35　花架侧立面图

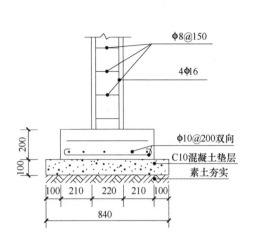

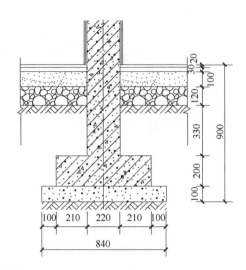

图 4-36　柱基础图

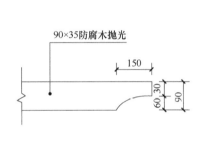

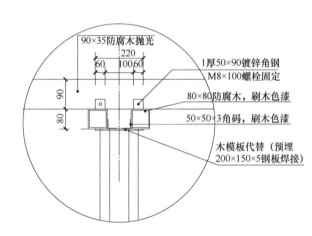

图 4-37　节点大样图

四、实训操作流程与要点

实训操作流程：定点放线→基础处理→基础承台施工→立柱施工→选料、加工制作→花架安装→花架外立面装饰。

实训要点：

1. 定点放线

根据设计图纸要求和平面坐标系的对应关系，使用尺寸定位法把花架的基础平面位置和边线测放到地面上，如图 4-38 所示，并打桩或用白灰做好记号。

2. 基础处理

首先按照基础的放线位置开挖，如图 4-39 所示，开挖过程中应将放线位置四周放大30～50cm，以保证开挖好基槽后下方有足够的操作面，挖好后平整基础面（图 4-40）并采用人工或者机械夯实基础面。按照柱基础图纸中的基础结构层进行施工，将基础结构的位置重新测放尺寸并定位，然后用白灰标记，最后用 C10 素混凝土做基础垫层。人工摊平混凝土后用振捣棒振捣密实，并采用泥抹子将混凝土面抹平。

图 4-38　定位放线

图 4-39　基础开挖

图 4-40　平整基础面

注意事项：现场施工过程中若遇土质较差的时候，应进行土质改良或者换土，以保证基础的稳定性，防止后期出现不均匀沉降的问题。

3. 基础承台施工

施工工序：二次放线→承台、柱钢筋绑扎→承台模板安装→承台混凝土浇筑。

在基础垫层完成施工后，根据基础平面布置图中的尺寸和坐标使用全站仪、墨斗等工具进行二次放线，如图 4-41 所示，弹出基础承台边线（640mm×640mm）、基础承台中心轴线。

将加工好的基础承台、立柱钢筋先按照图纸中的间距要求进行摆放，然后再进行绑扎。承台钢筋外围全绑扎，中间采用插空式绑扎，如图 4-42 所示。立柱钢筋绑扎在承台钢筋上，然后再按要求加工及安装模板，并在模板外围做加固处理。

此次实训模板采用的是砖胎膜，利用水泥砖砌筑"12"墙（半砖宽）作为承台的模板，这也是在工程中常采用的形式，尤其是模板工程量不大的情况下。

图 4-41　基础承台二次放线　　　　　　　　　图 4-42　基础承台钢筋绑扎

注意事项：

（1）实际工程中模板安装时的模板高度不宜过高，比承台混凝土完成面高度稍高 10cm 左右为宜，模板周边加固措施需要做到位，防止浇捣混凝土时模板胀开。

（2）立柱钢筋绑扎好后应使用木料、钢筋等材料加以支撑，将立柱钢筋绑扎定位固定，防止浇捣混凝土时立柱钢筋移位。

（3）待模板钢筋施工完成后，进行混凝土浇筑。浇筑前，应先将承台内的垃圾、碎屑等清理干净，模板浇水湿润；再将混凝土倾倒至承台内，经人工摊平、振捣密实，硬结成形，如图 4-43 所示。待混凝土凝结后洒水养护，养护时间不少于 14d。

注意事项：倾倒混凝土时，一定要注意不要使混凝土直接冲击模板及钢筋，导致模板及立柱钢筋的位置发生移位。

图 4-43　基础混凝土浇筑

4. 立柱施工

施工工序：拆除承台模板→二次放线→立柱钢筋绑扎→立柱模板安装→立柱混凝土浇筑。

在基础承台硬结成形后将模板拆除，然后根据基础平面布置图中的尺寸使用全站仪、墨斗弹出立柱边线（220mm×220mm）、立柱中心轴线，如图4-44、图4-45所示。

图4-44　基础立柱二次放线

图4-45　立柱定位线

放完线后需要检查立柱钢筋是否有超出立柱边线、发生移位等情况，如有移位，需要先将立柱钢筋进行校正，校正后再进行钢筋的绑扎。

绑扎完钢筋后，按照立柱外缘尺寸及高度（500mm）加工模板并进行安装，如图4-46所示。模板安装完成之后需要使用卡扣对柱身模板进行加固。模板固定成形时需要使用线垂或者经纬仪等仪器来校准柱身的垂直度，保证柱身不歪斜。

待模板安装好后，将模板内的垃圾清理干净并使用清水冲洗，以保证浇筑混凝土时模板内无异物。然后将拌制好的混凝土通过人工转运、倾倒至立柱模板内，如图4-47所示，使用振捣棒振捣混凝土。最后将预埋件嵌入混凝土内并测定标高，如图4-48、图4-49所示，待混凝土硬结成形后拆除模板并浇水养护。

拆除模板后，将基础内的杂物、垃圾清理后，将基础土方回填至地面水平面处。

图4-46　立柱模板安装

图4-47　立柱混凝土浇筑

注意事项：

（1）现场施工时，脚手架的搭设可以视现场情况确定。若花架体量较小，可以采用门式脚手架，方便快捷、灵活；若花架体量较大，宜搭设钢管脚手架，安全性、稳定性高。

（2）浇捣混凝土时，单个立柱混凝土的一次性浇筑量不宜过大，当混凝土倾倒超过模板总高度1/2左右的时候，先进行一次振捣；待振捣密实后再添加混凝土重新振捣密实，如此反复操作，以保证立柱混凝土在浇筑成形后不会出现空鼓、蜂窝、麻面等质量缺陷。

图 4-48　木龙骨预埋件

图 4-49　钢板预埋件

（3）在浇捣混凝土时，应及时将预埋钢板（受条件限制，实训时预埋钢板采用模板代替）埋入混凝土内，同时测定预埋件的标高，保证后续工序的准确性。

5. 选料、加工制作

施工工序：选择木料→加工制作→刷防腐漆→刷面漆。

（1）选料。通常使用松木或山樟木作为木作材料，本例选用山樟木，应选择材质好、质地坚韧、材料挺直、比例匀称、无霉变、无裂缝、色泽一致、干燥的山樟木。

（2）加工制作。根据施工图中上层防腐木架设计的造型尺寸，使用切割机具按规格锯好木料，并进行打磨抛光，同时应进行再次选料，保证用料质量。

造型加工前，应先进行放样。放样应按设计要求的木料规格，逐根用墨线进行画线，画线必须正确。操作时应按照画线位置要求分别使用曲线锯加工制作，线条要顺直、光滑、深浅一致，割角应严密、整齐，如图 4-50 所示。

图 4-50　加工木料

造型加工好后，先用电刨或者砂纸打磨木料表面，去除表面异物或者污渍、霉渍，若遇木料上有裂缝时应用腻子补填缝隙，再次打磨抛光。

（3）将打磨抛光好的木料浸泡或者用毛刷刷一层防腐清漆，然后晾干；晾干后用预先调好的面漆进行上色（从环保角度考虑，该项施工省略不做）。

注意事项：

（1）刨面不得有刨痕、戗槎及毛刺。

（2）面漆上色前，应先将调好的色漆进行样品的颜色比对，若颜色不符合色卡要求，应重新调配色漆，并进行样品的颜色比对，直至调出符合要求的颜色。

6. 花架安装

安装前要预先检查花架制作的尺寸，对成品加以检查，进行校正、规方。如有问题，应事先修理好。检查固定花架预埋件的数量、位置必须准确，埋设应牢固。

安装时，先在钢筋混凝土柱身预埋件上弹出各主梁的安装位置线及参照标高线。将防腐木立柱放正、放稳，然后使用角码及螺钉将立柱固定在预埋件上，如图 4-51 所示，并调整立柱的垂直度，如图 4-52 所示。

图 4-51 花架立柱安装

图 4-52 花架立柱调平安装

在安装好的主梁上，按照设计图纸要求将主梁进行等分并画线标记，然后将制作好的花架木枋按标记线预排，看是否距离合适。确认无误后，将 50mm×50mm×3mm 的角码按照画线位置依次固定在主梁上，如图 4-53 所示。然后将木枋重新放置在主梁上，在角码预留孔的位置用记号笔做记号，取下木枋用 ϕ10 钻头的电钻在做记号的位置钻孔；钻孔后重新放置好木枋，用不锈钢螺栓从角码的预留孔中穿过，两头对锁，如图 4-54 所示。固定完后及时清理干净。

注意事项：

（1）主梁安装时一定要校准好标高、尺寸，防止主梁歪斜。

（2）检查预埋件的安装、固定是否到位，防止后期因预埋件的松动导致花架出现安全事故。

（3）安装过程中使用的配件应尽量选用镀锌或者不锈钢类材质，以延长配件的使用寿命。

图 4-53　角码安装

图 4-54　花架木枋安装

（4）现场施工时，木制品及金属制品必须在安装前按规范进行半成品防腐处理，安装完成后立即进行防腐施工，若遇雨雪天气必须采取防水措施，不得让半成品受淋，更不得在湿透的半成品上进行防腐施工，以确保半成品防腐质量合格。

7. 花架外立面装饰

柱身粉刷时应注意将柱子的边角做好，做到棱角分明。可通过粉刷对柱身的垂直度进行微调，以便后期外立面石材的安装，如图 4-55 所示。

五、实训小结

1. 所有木材均要做防腐处理，且其宽度和厚度应符合设计要求，花架用料均应有木材检验合格证。木材含水率不得超过 12%。

2. 施工方法应得当，应安全使用劳动用具。在使用机具施工时要注意正确操作；在不使用机具时必须拔掉电源，避免安全事故的发生。

3. 加工与安装过程中，应特别注意轻拿轻放，不能碰伤、划伤，加工好的木材应堆放整齐、稳当。现场施工时

图 4-55　花架成品效果图

若需在木枋上操作，相关人员要穿软底鞋且不得在木柱和木枋上敲砸，防止损坏面层。

4. 本工程花架立柱选用钢筋混凝土制作，为避免立柱在使用过程中产生裂缝，立柱混凝土浇捣完成后要及时养护并达到养护龄期（7d）后才能进行下一道施工工序。浇筑混凝土时应及时安装花架的预埋件，并严格控制预埋件的标高，防止立柱间标高相差太大影响立柱及主梁的安装。

主梁选用截面为 80mm×80mm 的防腐木制作，主梁与立柱预埋件的连接处采用 50mm×50mm×3mm 镀锌角码作为连接件，使用自攻螺钉固定（图 4-37）；木枋选用 90mm×35mm 的防腐木制作，悬空端做切角造型（图 4-37），木枋与主梁连接处采用 1mm 厚 50mm×90mm 镀锌角钢作为连接件，用 M8×100mm 螺栓对锁连接固定（图 4-37）。

六、实训评价

序号	考核项目	参考分	标准值	得分
1	垂直度	0~20分	是/否，$H/200 \leqslant 20mm$	
2	受压件或压弯件纵向弯曲度	0~20分	是/否，$L/300mm$	
3	支座轴线相对支撑面中心位移	0~30分	误差±（0~1）cm，30分；误差±（1~3）cm，20分；误差±（3~5）cm，20分；误差>5cm，0分	
4	立柱标高	0~30分	误差±（0~5）mm，30分；误差±（5~10）mm，20分；误差±（10~20）mm，20分；误差>20mm，0分	
考核成绩（总分）				

实训十一 园桥工程施工

园林中的桥，可以联系风景点的水陆交通，组织游览线路，变换观赏视线，点缀水景，增加水面层次，兼有交通和艺术欣赏的双重作用。园桥在造园艺术上的价值，往往超过交通功能。在自然山水园林中，桥的布置与园林的总体布局、道路系统、水体面积占全园面积的比例、水面的分隔或聚合等密切相关。园桥的位置和体形要与景观相协调。此外，还要考虑人、车和水上交通的要求。

一、实训目标

1. 了解、掌握园桥施工所用材料及施工的基本特点、质量要求、检验方法、验收标准。
2. 掌握园桥的结构形式和细部装饰施工的构造及工艺。
3. 正确进行园桥工程施工。

二、实训内容

1. 以园桥的施工图为依据进行施工，相关平面图、立面图、剖面图如图4-56～图4-58所示。

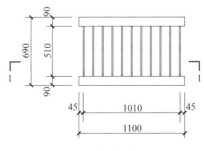

图 4-56 园桥平面图

园林工程实训指导书

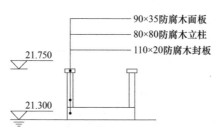

图 4-57　园桥立面图

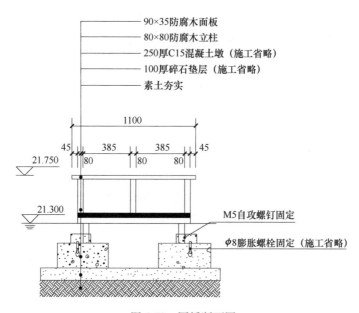

图 4-58　园桥断面图

2. 在实训场地，学生每 5 人为一组，在划定的区域根据施工图完成园桥的施工作业。

三、实训工具与材料

1. 工具
钢卷尺、铁锹、木夯、切割机、锯铝机、电钻、水准仪、水平尺等。

2. 材料
白灰、水泥、沙子、防腐木等。

四、实训操作流程与要点

实训操作流程：定点放线→基础处理→园桥龙骨制作→桥面面板制作、安装→栏杆安装。

实训要点：

1. 定点放线
根据施工图设计要求放线。场地初平后按施工图测设放线，用白灰或定位桩将桩基础的位置进行定位，如图 4-59 所示。

2. 基础处理

将土方开挖至设计标高位置（图4-60），再由人工夯实基础面，然后铺一层100mm厚碎石垫层。垫层位置比基础面尺寸宽10~20cm，碎石垫层用平板振动器振捣密实（从环保角度考虑，垫层施工过程省略不做，直接用砖代替基础，后期园桥立柱直接放置在砖上）。

3. 园桥龙骨制作

在基础面处理好后，按照图纸中尺寸，量取龙骨的长度和宽度使用锯铝机进行龙骨的加工。完成龙骨的加工后，按照图纸中龙骨的位置、排列方式进行预摆，预摆后用卷尺量取龙骨外边尺寸并核对，看是否有误差。在允许误差范围内就可以进行安装。在安装时使用电钻将自攻螺钉打入龙骨内（图4-61），依次完成龙骨的拼装，如图4-62所示。

图4-59　定点放线

图4-60　园桥基础开挖

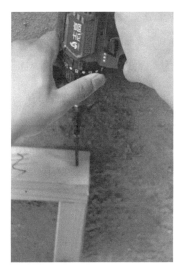

图4-61　龙骨安装

图4-62　龙骨的拼装

注意事项：

（1）防腐木龙骨的加工采用的是锯铝机，在使用锯铝机前需要穿戴好防护用具。切割前需佩戴好护目镜及口罩，双手不能戴手套操作机器，以防戴手套操作时手套卷入刀片中发生安全事故。

（2）由于防腐木是木材，木材放置一段时间后缩水会导致木材的尺寸比理论值小，而且施工图中龙骨的尺寸一般只给出最外边的尺寸，所以加工中间龙骨时，需要现场根据龙骨的截面大小重新计算中间龙骨的尺寸。

4. 桥面面板制作、安装

桥面面板的加工与龙骨的加工类似，在完成面板的加工后使用砂纸将面板的切割口进行打磨处理，然后再进行面板的安装。安装前同样要预摆，如图 4-63 所示，通过预摆来调整面板之间的间隙。预摆完成后，先将桥面两端的面板进行临时固定，以两端为参照将其他面板依次按照预摆的顺序进行固定，完成面板的安装，如图 4-64 所示。然后再根据图纸尺寸加工立柱，并安装在面板下。

图 4-63　面板预摆调缝　　　　　　　　　　　　　图 4-64　面板固定

注意事项：

（1）一般情况下，为了制作完成后的面板更加美观，在固定面板时，需在两端固定的螺钉上挂线，拉成通线。这样，其他面板的螺钉以此为参照进行固定，最后做出来的面板螺钉成一条线，这样更加美观。

（2）面板间的间隙在预摆时确定后，最好做两个与间隙同宽的卡扣，在固定面板时只要将其放入缝隙中，就可以保证面板间的间隙都是一致的。

（3）在固定面板时还需要注意面板的水平度，若在固定过程中发现有面板的水平度差异比较大时，需要进行调整。调整时以最高的面板为依据，再加工一些木楔子卡在其他面板下以保证面板均在同一水平面。

（4）实际工程中，除了面板及龙骨的切割口需要使用砂纸进行打磨处理外，为了后期面板的喷漆作业，面板的表面也需要进行打磨。防腐木表面有缺口时，则需要用腻子进行填补并进行打磨处理。

5. 栏杆安装

栏杆的安装自一端柱开始，向另一端顺序安装（图 4-65），具体的尺寸、高度以施工图为依据。安装过程中栏杆的垂直度应用水平尺或者激光水平仪等仪器进行控制。制作完成后将园桥根据图纸中的位置放置在水池面上，如图 4-66 所示。放置过程中需要在园桥龙骨立柱位置找平并用砖块垫平整，以防园桥不稳。

图 4-65 园桥栏杆安装

图 4-66 园桥成品效果

五、实训小结

1. 切割面板、封板时尺寸应准确，在固定面板时应拉线找平平整度。板材表面应净光或砂磨，饰面板不得有戗槎、刨痕、毛刺和锤印，割角、拼缝应严实平整。

2. 根据设计图和材料计划，校核园桥的全部材料，使其配套齐备。

3. 正确使用工（器）具，配备安全防护用具。

六、实训评价

序号	考核项目	参考分	标准值	得分
1	美观度 1：面板间隙是否一致	0~10 分	是/否	
2	美观度 2：螺钉位置是否在一条线上	0~10 分	是/否	
3	面板是否打磨	0~20 分	是/否	
4	水平度	0~30 分	误差±（0~5）mm，30 分；误差（5~10）mm，20 分；误差（10~20）mm，20 分；误差>20mm，0 分	
5	桥面尺寸	0~30 分	误差±（0~5）mm，30 分；误差（5~10）mm，20 分；误差（10~20）mm，20 分；误差>20mm，0 分	
考核成绩（总分）				

实训十二 木平台施工

一、实训目标

1. 明确木平台施工的标准做法。

2. 提高木平台施工的实测质量、观感质量、现场整洁度，从而提升学生对工程质量的把控能力。

二、实训内容

1. 木平台做法详图如图4-67～图4-69所示。

2. 在实训场地，学生每5人为一组，在划定的区域根据施工图完成木平台的施工制作。

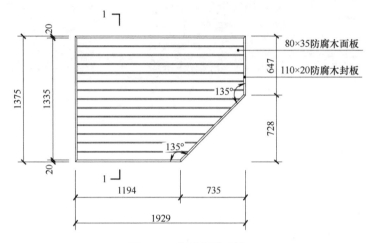

图 4-67　木平台平面图

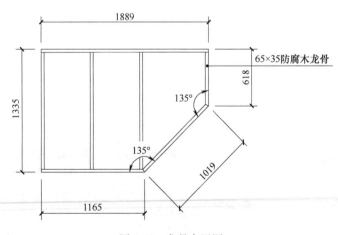

图 4-68　龙骨布置图

三、实训工具与材料

1. 工具

墨斗、电钻、锯铝机、手锯、锤子、角尺、卷尺、水准仪、水平尺等。

2. 材料

防腐木、十字自攻螺钉、白线等。

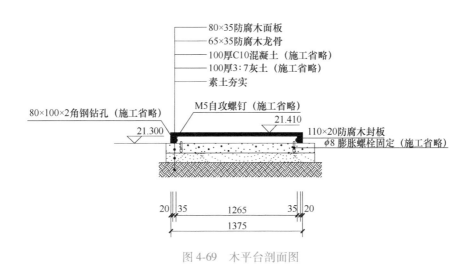

图 4-69　木平台剖面图

四、实训操作流程与要点

实训操作流程：定点放线→基础处理→确定龙骨边线位置、弹线、打孔→木龙骨安装、固定→面板、封板安装→自检→面层涂饰。

实训要点：

1. 定点放线

按照设计图纸要求，用尺子将木平台的平面位置和边线测放到地面上，然后打桩或用白灰做好标记。

2. 基础处理

木平台平面位置测放后，使用铁锹将地面平整到基础设计标高，并夯实地面基础。先用 100mm 厚 3：7 灰土做垫层打底，再使用 100mm 厚 C10 素混凝土浇捣出木平台垫层，最后检查地面平整度误差是否达到施工要求。从环保角度考虑，垫层施工过程省略不做，实训过程中在实训场地既有地面上施工。

注意事项：实际工程中，木平台基础施工时应在基础面上设排水坡度及排水口，保证雨季时木平台下方不积水，防止因排水不通畅导致木龙骨浸泡在水中。施工应该营造一个干爽的环境，以延长防腐木的使用寿命。

3. 确定龙骨边线位置、弹线、打孔

基础垫层凝结后，在与面板铺设方向相垂直的方向的地面上确定龙骨中心线、边线，按图纸中的间距（小于 700mm）弹出墨线，如图 4-70 所示，以此确认木平台龙骨的位置。

根据龙骨的长度用电钻合理布孔。同一根龙骨下相邻孔的孔距不得超过 700mm；龙骨两端端头打孔时，打孔位置离龙骨端头的位置不得超过 100mm，孔的深度应为 80mm，如图 4-71 所示。

注意事项：打孔时，应沿着弹好的墨线一次打孔完成，保证孔打完后呈一条直线。打孔时电钻所配的卡尺要装上，调好长度以控制孔的深度，不能凭感觉预测孔的深浅，以防击穿地面或打孔深度不够。

4. 木龙骨安装、固定

打孔后，使用膨胀螺栓将 50mm×90mm 的角码的 50mm 一端固定在地面上，同时调整角码的位置和方向，如图 4-72 所示，保证同一方向上的角码都在一条直线上。然后剔除不符合要求的木龙骨（有劈裂、死结等），再按照图纸上的尺寸要求按规格切割龙骨成段待用，如图 4-73 所示。然后预排木龙骨，并用临时固定点固定，调整木龙骨水平度。水平度均满足要求后，正式固定木龙骨时使用 M3.5×50mm 自攻螺钉进行固定，如图 4-74 所示。

图 4-70　墨斗弹线确认龙骨位置

图 4-71　电钻钻孔

图 4-72　角码固定及调整方向

图 4-73　木龙骨加工

图 4-74　木龙骨固定

龙骨全部固定好后，用 2m 长的直线式铝合金条或水平尺检测木龙骨的平整度，平整度不大于 2mm 时，调整龙骨的水平高度，高出水平尺的部分用电刨刨去；低于水平尺的部分使用平垫片调平并垫实。垫片用枪钉或胶粘剂固定。

龙骨全部调平固定后，使用 C20 混凝土做成边长为 200mm×200mm 的立方体墩进行加固，根据木龙骨的混凝土墩布置情况，可适当增加混凝土墩以加固木龙骨，如图 4-75 所示。

注意事项：

（1）实际施工过程中如龙骨有接口，接口处应留有 1~3mm 的伸缩缝。龙骨相邻搭接接缝处应错开，不允许在同一直线上。

（2）龙骨安装固定前应先涂刷一层面漆，以延长防腐木的使用寿命。

图 4-75 混凝土墩固定木龙骨

（3）木平台侧面有封板的情况下，安装龙骨时应预留出封板的安装位置。

5. 面板、封板安装

面板、封板按照图纸中的设计尺寸使用木材切割机进行加工、切割。将切割好的木材涂刷一道防腐面漆（施工省略）。安装前先进行预摆，在预摆过程中控制面板之间的间隙，保证面板间隙的均匀度。预摆后面板两头先临时固定，并调整水平标高作为参照水平面，调整完成后，使用电钻将螺钉攻入面板至龙骨，并依次安装、固定面板，如图 4-76 所示。安装后根据情况将面板需要修整的地方采用切割机进行修整，如图 4-77 所示。安装完面板后再进行封板的安装，如图 4-78 所示。

木平台成品效果图如图 4-79 所示。

图 4-76 面板安装

图 4-77 面板修整

注意事项：

（1）图纸中木平台有一角为斜角，在施工时可以按斜切尺寸切割好后再安装；也可以先全部按直线尺寸切割好后再安装，待安装完成后再将斜角位置画线，并使用切割机切割成形。

（2）防腐木面板安装之前应进行挑选并进行面层处理，以保证面层的平整度及光洁度。

（3）用螺钉固定、安装面板时，应带线控制螺钉的位置，以保证固定面板的螺钉都在一条直线上，且螺钉的间距均相等。

图 4-78　封板安装

图 4-79　木平台成品效果图

6. 自检

在完成上述工序施工后，应在清理施工现场卫生后对木龙骨、木平台面板的材料及安装情况进行质量检测。木龙骨的安装质量自检项目如下：

（1）龙骨的稳定性、牢固程度，是否有松动、响动。

（2）龙骨固定钉是否有漏打。

（3）木龙骨的平整度是否小于允许误差。

木平台的材料、安装质量自检项目如下：

（1）构件质量必须符合设计要求，堆放或运输中无损坏或变形。

（2）木结构的支座、支撑、连接等构件必须符合设计要求和施工规范的规定，连接必须牢固，无松动。

（3）木平台及支座部位应按设计要求或施工规范做防腐处理，连接件应为不锈钢或镀锌制件。

7. 面层涂饰（施工省略）

按照设计要求先清除木材表面的毛刺、污物，用砂纸打磨光滑。有裂缝或洞眼处用腻子补齐，待腻子干燥后用砂纸打磨光滑。然后按设计要求上底漆，面漆分层次逐层施工。

注意事项：

（1）漆面严禁有脱皮、漏刷、斑迹、透底、流坠、起皱等缺陷，表面应光亮、光滑。施工完后应进行成品保护，防止油漆未干时人为破坏成品。

（2）面层进行涂饰之前应先利用废料或同材质的材料做试样，进行调色，保证涂饰的颜色满足设计要求。然后再进行面层涂饰。

五、实训小结

1. 防腐木需经过干燥防腐处理，含水率应满足设计要求，并且无虫眼、死节、劈裂。

2. 木龙骨的稳定性和平整度一定要做好，否则会影响面板的稳定性及平整度，继而影响木平台的工程质量。

3. 木平台的自检过程必须严格认真，做到每项指标必须符合规定要求。

六、实训评价

序号	考核项目	参考分	标准值	得分
1	尺寸1	0~20分	误差±（0~3）mm，20分；误差±（3~6）mm，15分；误差±（6~9）mm，10分；误差±（9~12）mm，5分；误差>12mm，0分	
2	尺寸2	0~20分	误差±（0~3）mm，20分；误差±（3~6）mm，15分；误差±（6~9）mm，10分；误差±（9~12）mm，5分；误差>12mm，0分	
3	高度1	0~15分	误差±（0~3）mm，15分；误差±（3~6）mm，10分；误差±（6~9）mm，5分；误差>9mm，0分	
4	高度2	0~15分	误差±（0~3）mm，15分；误差±（3~6）mm，10分；误差±（6~9）mm，5分；误差>9mm，0分	
5	螺钉沿着龙骨在一条直线上	0~10分	螺钉安装乱，0~2.5分；多于50%的龙骨上的螺钉位于一条直线上，2.5~5分；龙骨上的螺钉基本位于一条直线上，5~7.5分；所有龙骨上的螺钉位于一条直线上且不高于木板表面，10分	
6	面板缝隙的均匀程度	0~10分	不均匀，0~2.5分 均匀一般，2.5~5分 均匀较好，5~7.5分 缝隙均匀，10分	
7	木作所有切割面是否打磨	0~10分	50%以上的切割面未打磨，0~2.5分 60%~70%的切割面打磨，2.5~5分 70%~85%的切割面打磨，5~7.5分 超过85%的切割面打磨，10分	
考核成绩（总分）				

水 景 工 程

实训十三　驳岸施工

一、实训目标

掌握驳岸施工的方法和步骤。

二、实训内容

学生按每组 5~6 人分组，依据图 5-1、图 5-2 完成驳岸施工内容。

人工湖驳岸

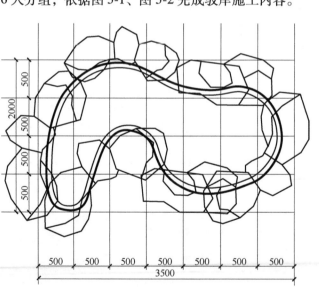

图 5-1　驳岸平面图

三、实训工具与材料

1. 工具

铁锹、锄头、抹子、线团、钢卷尺、手套、口罩、防护眼镜等。

2. 材料

石块、水泥、砂、卵石等。

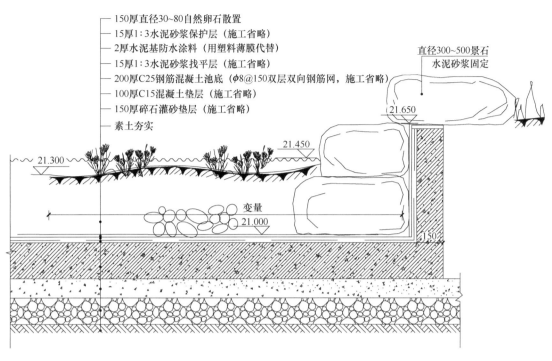

— 150厚直径30~80自然卵石散置
— 15厚1:3水泥砂浆保护层（施工省略）
— 2厚水泥基防水涂料（用塑料薄膜代替）
— 15厚1:3水泥砂浆找平层（施工省略）
— 200厚C25钢筋混凝土池底（φ8@150双层双向钢筋网，施工省略）
— 100厚C15混凝土垫层（施工省略）
— 150厚碎石灌砂垫层（施工省略）
— 素土夯实

直径300~500景石
水泥砂浆固定

21.650

21.450

21.300

变量

21.000

150

图 5-2　局部断面图

四、实训操作流程与要点

实训操作流程：定点放线→基础施工→驳岸施工。

实训要点：

1. 定点放线

按设计图纸进行总体放样，采用网格放线法将水池的驳岸测放出来，并用白灰放出驳岸的土方开挖样线，如图 5-3、图 5-4 所示，并按施工规范引测水准测量点和必要的临时水准点。

图 5-3　定点放线

图 5-4　撒白灰定网格

2. 基础施工

实训过程中的基础施工具体操作同实训十四，此处施工省略不做。

实训过程中根据测放的驳岸线，使用铁锹将水池的基础面依次开挖出来（图 5-5），并使用抹子等工具将水池的池底和驳岸抹平。然后以塑料薄膜制作水池池底及池壁的防水层，如图 5-6 所示，后期在其上完成驳岸的施工。作业时，根据水池的大小将薄膜展开并裁剪成需要的大小及形状，然后铺设在开挖的基础面上。

图 5-5 基础面开挖

图 5-6 铺设防水薄膜

3. 驳岸施工

（1）砌第一层石块时，基底先用砂浆找平（实训过程中先使用水平尺、抹子等工具将场地的沙地面找平），然后挑选合适的石块（本次实训使用的是卵石）放置在砂浆地面上，卵石大面向下，将底层坐好后找平（底层找平坐浆）。然后根据图纸中的标高使用水平仪及水平尺测定高程，确定第二层卵石的高度，然后开始砌筑第二层卵石。每码砌一块卵石应先铺好砂浆，砂浆不必满铺，尤其在角石及面石上，砂浆应距离外边缘 40~50mm，并铺得稍厚些。当继续往上砌卵石时，应恰好压到所要求的厚度，并刚好铺满整个灰缝，灰缝厚度宜为 20~30mm，砂浆应饱满。阶梯形基础的上阶梯卵石应至少压砌下阶梯卵石 1/2 面积，相邻阶梯的卵石应相互错缝搭接，且宜选用较大的块石砌筑。外露面的灰缝厚度不得大于 40mm，两个分层高度间的错缝不得小于 80mm，如图 5-7 所示。

（2）找平的方法是：当接近找平高度时，注意选石和砌石，到达找平面时应大致水平，也就是"大平小不平"，不可利用砂浆和小石块来铺平。

（3）驳岸砌筑完成后，应在砌体的外露部分，采用 1:2 水泥砂浆顺着石块间的缝隙进行勾缝，可以勾凸缝，也可以勾凹缝，按设计图纸要求缝宽 2~3cm。

图 5-7 驳岸成品效果图

注意事项：

（1）实际工程中，池底施工完成后，经养护混凝土达到龄期后，根据设计图纸将驳岸的边线采用全站仪测放到池底混凝土面上，并用墨斗将边线的位置弹墨线做标记。块石砌筑前应先检查基槽的尺寸和标高，并清除其表面的泥垢等杂质。块石驳岸的混凝土基础先浇水湿润，块石也要湿润阴干备用，然后块石采用交错组砌法施工，灰缝可以不规则，但外观要求整齐。

（2）在块石驳岸施工完成后，再做驳岸与陆地相交处的花岗石台阶、绿化种植等。

（3）驳岸的顶部按设计图纸要求选用较整齐的大块石，或砌筑花岗石，并按设计图纸要求将驳岸外围的土方回填到位。土方回填后在块石驳岸的岸顶面放置景石。施工时不能完全照搬设计图施工，而应根据现场实际情况，例如应根据整个水系迂回曲折的特点放置景石，景石的平面布置不能呈几何对称的形状，对于宽度多有不同的带状溪涧，应布置成回转曲折的形状，互为对岸的岸线要有争有让，少量峡谷则对峙相争，切忌呆板造型。水面要有聚散变化，分割应不均匀。

五、实训小结

1. 通过实际操作初步掌握园林驳岸施工的相关知识。
2. 驳岸景石的安装过程中，应将每一块景石坐实，保证其稳定性。
3. 景石放置时不能照搬设计图，而应根据现场实际情况放置。

六、实训评价

序号	考核项目	参考分	标准值	得分
1	定点放线	0~30分	测量3处，每处误差±（0~2）cm，10分；误差±（2~4）cm，5分；误差±（4~6）cm，3分；误差>6cm，0分	
2	水池完成面高度	0~30分	测量3处，每处误差±（0~2）mm，10分；误差±（2~4）mm，5分；误差>4mm，0分	
3	防水薄膜是否漏水	0~15分	是/否	
4	驳岸石	0~25分	驳岸石的美观性	
考核成绩（总分）				

实训十四 喷泉施工

一、实训目标

1. 能够识读喷泉施工图。
2. 掌握喷泉施工的程序和要求。
3. 能够指导施工人员完成喷泉工程施工。

水池工程:
人工湖工程设计

喷泉工程

喷泉的工程设计

喷泉的给排水系统

4. 培养学生的工程意识和工程实践能力,以及解决复杂工程问题的能力。

二、实训内容

学生按每组 5~6 人分组,根据图 5-8、图 5-9 展开作业,图纸中是景墙加喷泉的形式,这里主要做下部喷泉的施工,且用砖墙代替混凝土结构墙体进行实训。

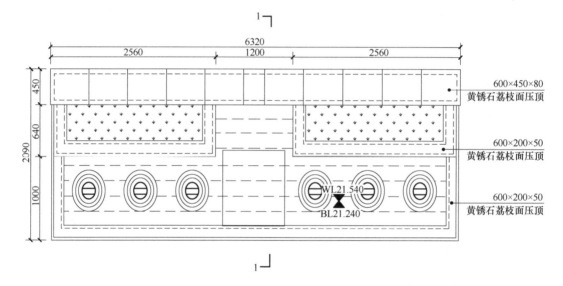

图 5-8　喷泉平面图

三、实训工具与材料

1. 工具

铁锹、锄头、抹子、线团、钢卷尺、记号笔、泥桶、手套、口罩、防护眼镜等。

2. 材料

水泥、砂、石灰、潜水泵、PE 给水管等。

四、实训操作流程与要点

实训操作流程:定点放线→基础施工→水池主体施工→安装管线设备→设备调试试水。

此次施工为模拟喷泉水池的施工,水池的池壁和池底施工使用薄膜和砖砌体代替,部分工程省略步骤不做。

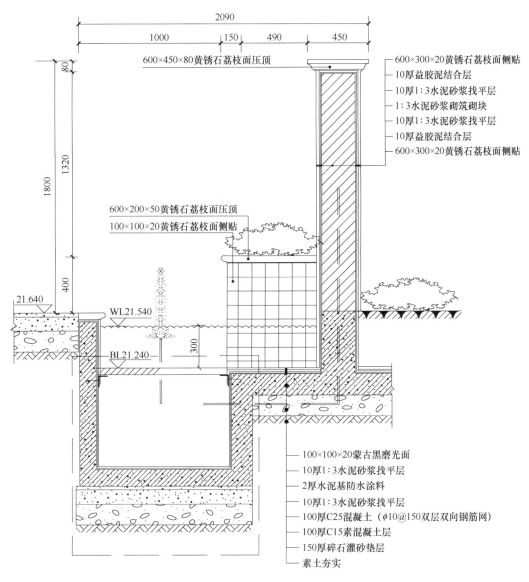

图 5-9 喷泉剖面图

实训要点：

1. 定点放线

根据图纸中喷泉水池的大小，在实训场地内使用钢卷尺进行定位放线，如图 5-10 所示，并用木桩将需要定位的点进行定位。

2. 基础施工

根据放线的位置及图纸中的标高，使用铁锹将水池的基础开挖出来并整平，如图 5-11、图 5-12 所示，开挖过程中需要注意测定水池底的标高并将水池的泵坑开挖出来。

图 5-10 喷泉水池放线

图 5-11　喷泉水池开挖

图 5-12　基础面整平

3. 水池主体施工

（1）在完成基础面的施工后，根据水池中喷泉管线、水泵等的位置进行二次放线，如图 5-13 所示，将管线及泵坑的位置定位并开挖出来，以便后期安装时预埋管线。

（2）根据喷泉水池的大小，选择合适大小的薄膜并按照水池的外边尺寸进行裁剪，裁剪好后铺设至水池中，如图 5-14 所示，铺设在基础面上后需要人工将薄膜按压平整。

（3）将薄膜铺设到位后，根据水池池壁的设计要求进行水池池壁的砌筑施工，如图 5-15 所示，水池池壁的砌筑施工流程同墙体的砌筑施工流程。

图 5-13　二次放线

图 5-14　水池铺设防水薄膜

图 5-15　水池池壁砌筑

注意事项：实际工程施工过程中，防水施工是在主体施工后完成的，为了保证防水效果，实训时将两者的前后顺序进行了互换。

4. 安装管线设备

在完成主体的施工后，根据图纸中喷头的定位尺寸及常水位的高程，确定水池喷泉的喷头高度及管线长度，然后使用剪管器依次裁剪出合适的长度，如图 5-16 所示，进行喷泉管线的安装。安装前将热熔机预热，待其达到热熔所需的温度时，将裁切好的管材进行热熔对接，如图 5-17 所示。

图 5-16 裁切管材

图 5-17 热熔对接

待所有管线安装完成后，使用生料带在需要安装喷头、配件的螺口位置进行缠绕，缠绕的时候要注意方向的正反向，一般来说是顺着螺纹方向缠绕。然后将喷头与管线进行连接，沿着螺口前进的方向拧紧，如图 5-18 所示，以防管线漏水。

注意事项：实际施工过程中，管线的预埋、安装一般是在主体施工前、基础面施工后进行的。管线的安装过程中，尤其是立管的安装一般会预留较长的管道，以便后期安装喷头时有足够的余量，多余的管道可以裁切。但预留出的管道需要做保护，使用套袋或堵帽将预留立管的管口位置进行封堵，后期安装时再裁剪开来进行喷头的安装。

5. 设备调试试水

在完成所有设备管件的安装后，将水池内放满水，待水位达到设计水位后，起动水泵，观测水位的变化和喷泉的水形，若遇喷泉水位高度不一时，需通过阀门调节喷泉

图 5-18 安装喷头

的出水量，使其保持一致的高度和水形，直至喷头喷出的水形及高度基本一致，如图 5-19、图 5-20 所示。

图 5-19 调节出水量

图 5-20 喷泉水池出水效果

五、实训小结

1. 施工之前一定要熟悉设计图纸所要表达的内容。

2. 水景的管件安装过程中一定要保证管件连接紧密，喷泉的喷头需安装阀门以便后期调整出水量及出水效果。

六、实训评价

序号	考核项目	参考分	标准值	得分
1	定点放线	0~15分	测量3处，每处误差±(0~2) cm, 5分；误差±(2~4) cm, 3分；误差>4cm, 0分	
2	管线预埋、安装是否到位	0~10分	是/否	
3	水池主体尺寸	0~15分	测量3处，每处误差±(0~2) mm, 5分；误差±(2~4) mm, 3分；误差>4mm, 0分	
4	水池完成面高度	0~15分	测量3处，每处误差±(0~2) mm, 5分；误差±(2~4) mm, 3分；误差>4mm, 0分	
5	喷头间距	0~15分	误差±(0~10) mm, 15分；误差±(10~20) mm, 10分；误差>20mm, 0分	
6	防水薄膜是否漏水	0~15分	是/否	
7	设备安装调试，是否正常运行	0~15分	是/否	
考核成绩（总分）				

实训十五　跌水施工

一、实训目标

1. 熟悉跌水水池的结构图。

2. 掌握跌水施工的施工流程。

3. 能够指导施工人员完成跌水工程施工。

瀑布工程

二、实训内容

本次实训的水景工程，学生按每组5~6人分组，参照图5-21~图5-23完成跌水施工实训内容。

跌水工程施工

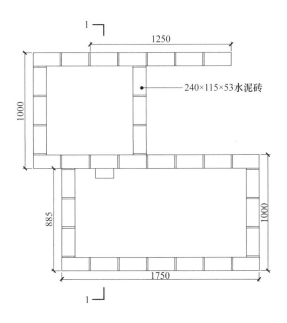

图 5-21　景墙及跌水水池平面图

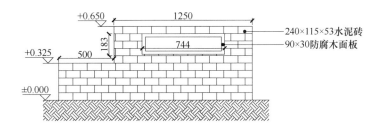

图 5-22　景墙及跌水水池立面图

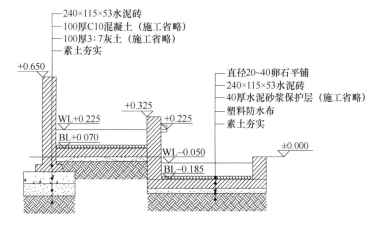

图 5-23　1—1 剖面图

三、实训工具与材料

1. 工具

铁锹、锄头、抹子、线团、钢卷尺、记号笔、泥桶、手推车、手套、口罩、防护眼镜等。

2. 材料

水泥砖、石灰、水泥、砂、卵石、塑料防水布等。

四、实训操作流程与要点

实训操作流程：定点放线→土方开挖→基础处理→池底施工→池壁砌筑→铺设防水薄膜→管线预埋、安装→上水池施工→装饰与试水。

实训要点：

1. 定点放线

根据现场勘查，同时根据施工设计图纸（图5-24），用石灰在地面上勾画出跌水水池的轮廓，使用激光水准仪或全站仪测量基础横断面的高程关系，同时将蓄水池和储水池用石灰分开标出，还应注意循环供水线路的走向，如图5-25所示。

图 5-24 识读图纸

图 5-25 定点放线

2. 土方开挖

水池基坑开挖采用人工开挖，基坑开挖时必须严格按测量放线位置进行开挖，在开挖过程中随时检查开挖尺寸是否满足要求，如图5-26所示。

3. 基础处理

基坑开挖后使用夯实工具将土层夯实。基土应均匀密实，压实系数应符合设计要求，且应不小于94%。基础夯实完后浇捣100mm厚C10素混凝土垫层，使用泥抹子将混凝土面找平（从环保角度考虑，垫层混凝土施工省略）。

图 5-26 水池基础开挖

4. 池底施工（施工省略）

注意事项：实际工程中，池底应一次性浇筑，浇筑前应对模板浇水湿润，浇捣砂浆处的垃圾应清扫干净。将砂浆倾倒入池底，然后人工摊开砂浆振捣密实，再进行池底面的找平。

5. 池壁砌筑

池底施工完成后，使用240mm×115mm×53mm水泥砖砌筑，砌筑前先根据水池的尺寸及位置将水池的边线测放出来，本次施工的水池为两层，在施工时宜先将底层（下水池）的位置测放出来。测放好并挂线后根据白线的位置将砖进行预摆，如图5-27所示，确认无误后按照墙体的砌筑方法进行水池池壁的砌筑。砌筑过程中要注意水池中的管线预留。

注意事项：砌筑水池池壁时，应将跌水口及时安装到位。跌水口可采用不锈钢制作。

6. 铺设防水薄膜

此次施工为模拟跌水工程施工，所以水池的防水层由防水薄膜代替，在池壁砌筑完成之前，将防水薄膜先铺设在池底，铺满池底后，然后顺着池壁由下往上铺设，如图5-28所示。

图5-27 池壁摆砖

7. 管线预埋、安装

根据设计图纸中的循环供水线路，在砌筑好的水池中找出供水线路的位置，人工将需要预埋的供水管线安装到位并用管卡固定，如图5-29所示，将管网固定成形后再进行下一步工序。

图5-28 铺设防水薄膜

图5-29 管线预埋、安装

8. 上水池施工

在完成下水池及管线的安装后，再进行上水池的施工，施工基本流程与下水池类似。先整平场地然后砌筑水池池壁，如图5-30所示；再铺设防水薄膜并安装跌水口，如图5-31所示。最后，铺设完防水薄膜后再完成水池池壁的砌筑施工。

图 5-30　上水池砌筑

图 5-31　上水池铺设防水薄膜

9. 装饰与试水

根据设计的要求对跌水进行必要的点缀，铺上卵石，安装好小型水泵。试水前应将水池内全面清洁，并检查管路的安装情况，然后打开水源、水泵，注意观察水流，如达到设计要求，说明施工合格，如图 5-32 所示。

图 5-32　跌水成品效果图

五、实训小结

1. 施工之前一定要熟悉现场、周边的实际情况，要熟悉设计图纸所要表达的内容。

2. 预埋、安装水池管线时，要按照管线安装的规范进行操作。

3. 应使用卵石或植物将出水口的位置隐藏起来，切忌露出塑胶水管，否则会破坏自然山水的意境。

六、实训评价

序号	考核项目	参考分	标准值	得分
1	定点放线	0~15分	测量3处，每处误差±（0~2）cm，5分；误差±（2~4）cm，3分；误差>4cm，0分	
2	管线预埋、安装，是否到位	0~10分	是/否	
3	水池主体尺寸	0~15分	测量3处，每处误差±（0~2）mm，5分；误差±（2~4）mm，3分；误差>4mm，0分	
4	水池完成面高度	0~15分	测量3处，每处误差±（0~2）mm，5分；误差±（2~4）mm，3分；误差>4mm，0分	
5	跌水口高度	0~15分	误差±（0~2）mm，15分；误差±（2~4）mm，10分；误差>4mm，0分	
6	防水薄膜是否漏水	0~15分	是/否	
7	设备安装调试，是否正常运行	0~15分	是/否	
考核成绩（总分）				

园 路 工 程

园路是联系园林景观各个景点的纽带，也是园林景观重要的组成部分之一，具有划分空间、组织交通和引导游览线路的功能。在进行园路工程施工时，需遵循平面线形设计形式，同时考虑与地形、水体、植物、建筑等其他造景元素的融合，因此在施工过程中要结合园林景观的整体布局来统筹考虑。园路工程的重点在于控制好施工完成面的高程，并注意与其他造景元素的高程相协调。施工过程中，园路路基和路面基层的处理只要达到设计要求的密实度和稳定性即可，而路面面层的铺装则对面层的水平度、外观质量等要求较高，更多的是强调质量方面的要求。

园路的功能

园路的线形形式

园路的结构

园路的类型

实训十六　透水砖路面铺装施工

透水砖路面属于块料路面的一种，具有质地多变、图案纹样和色彩丰富的特点，适用于广场、游步道和通行轻型车辆的地段，应用较为广泛。

一、实训目标

1. 能完成园路放线工作，掌握透水砖的铺装方式。
2. 通过本实训，使学生掌握透水砖园路排砖技巧。
3. 掌握透水砖路面铺装施工的技术标准，培养学生严谨认真、遵从规范的意识。

透水砖铺装

二、实训内容

在实训场地，学生每 4~5 人为一组，参照图 6-1、图 6-2 完成透水砖的园路铺装。

三、实训工具与材料

1. 工具

铁锹、橡胶锤、抹子、线团、钢卷尺、水平尺、激光水平仪、记号笔、泥桶、水桶、手推车、手套、口罩等。

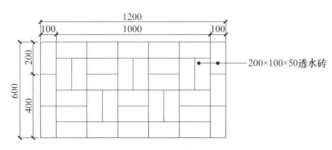

图 6-1　透水砖路面平面图

2. 材料

透水砖、沙子等。

四、实训操作流程与要点

实训操作流程：施工放线→修筑路槽和素土夯实→垫层和基层施工→路缘石（边石）施工→结合层、找平层施工→面层施工。从环保角度考虑，修筑路槽和素土夯实、垫层和基层施工这两项施工工序根据现场实训条件进行简化处理。

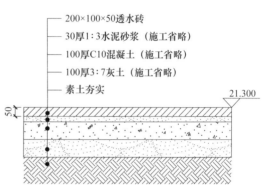

图 6-2　透水砖路面剖面图

实训要点：

1. 施工放线

先将施工实训场地内的沙地进行平整，如图 6-3 所示，根据施工图中的尺寸使用钢卷尺将透水砖路面的长度和宽度测放好（图 6-4），并挂线进行标记，角点位置使用木桩进行定位。

图 6-3　场地平整

图 6-4　定位放线

注意事项：在实际工程中，在直线段的园路中一般使用全站仪测设出道路中线，并在地面上每隔 10~20m 钉立中心桩；在曲线段的园路中，则应在曲头、曲中、曲尾各放一个中心桩；在弯曲段较多的园路中要加密中心桩的数量。再以中心桩为依据，根据路面宽度确定边桩，最后放出路面的平曲线。

2. 修筑路槽和素土夯实

根据实训场地条件，主要是针对透水砖的铺装位置进行场地整理，具体操作如下：根据图纸中的标高，使用激光水平仪及水平尺对场地沙地的标高进行测量，如图 6-5 所示，确认设计标高与场地标高的高差，然后根据高差对场地内的地面进行平整，并使用木夯将沙地夯实。

图 6-5　标高测量

注意事项：

（1）在实际工程中，应根据设计的要求开挖出路床至设计标高，并人工清理零散土方；开挖后检查纵坡坡度、横坡坡度及边线是否符合设计要求；修整路基，找平并碾压密实，使其压实系数在 95% 以上。

（2）针对不同土质，碾压遍数也不同，具体施工时应根据试压试验结果确定。一般情况下，对砂性土以振动式机具压实效果最好，夯击式机具次之，碾压式机具较差；对于黏性土则以碾压式机具和夯击式机具较好，而振动式机具较差甚至无效。此外，压实机的单位压力不应超过土的强度极限，否则会引起土基破坏。路槽做好后，在槽底洒水使其潮湿，然后用夯实机械从外向里夯实两遍，夯实力度应先轻后重，以适应逐渐增长的土基强度。注意碾压速度应先慢后快，以免松料被机械推走。

3. 垫层和基层施工

根据现场施工条件，垫层和基层施工主要是使用带齿抹子将沙地根据图纸要求刮平至基层标高的位置。

注意事项：

（1）在实际工程中，人行道道路垫层一般铺设 150mm 厚的级配碎石进行压实，且保证压实系数在 93% 以上；再使用 C10 混凝土现浇 100mm 厚，进行基层铺设，其后再人工修整抹平。若是车行道路，各结构层次的厚度则会相应增加。

（2）基层土碾压应以"先轻后重"为原则，先用轻碾碾压，碾压 1~2 遍后马上检查表面平整度，边检查边铲补，压至表面坚实、平整。

（3）当适用于不同的荷载时，基层的厚度根据施工现场的条件由设计确定：行车荷载小于或等于 5t 时，选择 80mm 厚的面层，100mm 厚的混凝土基层和 150mm 厚的碎石垫层；行车荷载为 5~8t 时，面层厚度为 80mm，混凝土基层厚度为 130~150mm，碎石垫层厚度为 150~200mm。

4. 路缘石（边石）施工

此次实训未设置路缘石，但设置了边石，施工前需要将边石的边线及标高进行定位测量，具体操作如下：先用线团制作两段长于铺贴面长度的线，并打结套在砖上。然后根据图纸中的形状进行放线，将铺装面的边线进行定位。图纸中的形状为矩形，外形边线呈 90°角，所以在实训过程中需将 90°角测放出来，如图 6-6 所示。同时，利用激光水平仪测设高度，将铺装面的完成面标高测定出来，如图 6-7 所示，以便后期透水砖铺贴时跟线铺贴。

图 6-6　测放 90°角　　　　　　　　　　图 6-7　测设砖面标高

注意事项：在实际工程中有路缘石且路缘石较长时，在施工时需安装控制桩，直线段桩距为 10m，路口处桩距为 1~5m。施工时先挖除路缘石安装处多余的水泥，注意根据路缘石的设计高程控制挖深。在挖好的槽内铺筑 20mm 厚的水泥砂浆，用刮板找平。随着砂浆的铺筑安装路缘石，用挂线法控制路缘石的高程及线形。砂浆稳固后及时回填路缘石外的土方。

5. 结合层、找平层施工

在面层和基层之间铺垫的水泥砂浆结合层，既是基层的找平层，也是面层的黏结层，按设计要求使用 30mm 厚的 1：3 干硬性水泥砂浆铺垫。结合层表面要密实，与透水砖面层结合应牢固（此处施工省略）。

现场操作时根据前期场地平整的情况，再次核对一下沙地的标高，若有问题，用带齿抹子耙平调整至需要的高程。

注意事项：实际工程中的砂浆摊铺宽度应大于铺装面5～10cm，因水泥的凝结时间问题，为保证时效性，水泥砂浆应做到随拌随用，且已拌好的砂浆应当日用完。

6. 面层施工

根据边石的边线，先将两端直角方向的透水砖边石铺贴好，如图6-8所示。铺贴时，先将边石按照挂线高度进行铺设，然后利用激光水平仪及水平尺测设完成面高程，然后使用橡胶锤将边石敲实，再依次完成两侧边石的安装。在安装过程中还需要用钢卷尺测量边石两侧的宽度，保证其符合设计要求。边石安装后，按照施工图中透水砖的排版形式进行中间透水砖的铺贴，如图6-9所示，透水砖的排版形式分为两正两反，在两侧边石相应位置拉设一条水平线，然后将透水砖按照水平线的高度进行施工，然后采用激光水平仪及水平尺复核完成面高程，并使用钢卷尺复核路面的尺寸，如图6-10所示。完成施工后再把水平线往下移，然后依次完成整个透水砖路面的施工，如图6-11所示。

图6-8　边石铺贴　　　　　　　　　　图6-9　中间透水砖铺贴

图6-10　复核尺寸　　　　　　　　　　图6-11　成品效果图

完成整个铺装面的施工后，将细沙铺撒在路面上，并用扫把清扫填缝，保证砖与砖之间的缝隙都被细沙填满。

注意事项：

（1）要确保基层表面的平整和清洁，如有凹凸不平或杂物应及时进行处理。

（2）在铺设透水砖之前，要确定好铺设方向和砖与砖之间的距离。

（3）实际工程施工中，透水砖路面一般采用的是干法铺设，所以在路面完成施工后需及时洒水养护。在养护期间，要对透水砖进行必要的保护和维护，以免影响其透水性能和使用寿命。

五、实训小结

1. 注意园路的放样和定位，透水砖的排版。

2. 本实训施工技术的关键点是标高、尺寸、水平度。

六、实训评价

序号	考核项目	参考分	标准值	得分
1	尺寸	0~30分	测量3处，每处误差±（0~2）mm，10分；误差±（2~4）mm，5分；误差>4mm，0分	
2	标高	0~30分	测量3处，每处误差±（0~2）mm，10分；误差±（2~4）mm，5分；误差>4mm，0分	
3	水平度	20分	测量2处，水准气泡未出线为"是"，出线为"否"；是/否	
4	板块间隙宽度	20分	用钢尺和楔形塞尺检查，间隙宽度≤3mm	
考核成绩（总分）				

实训十七 卵石路面铺装施工

卵石景观在自然界中随处可见，在规则式园林中应用卵石能创造出极其自然的景观效果。由于卵石价格低廉，是自然界中容易获得的铺装材料，目前在现代园林景观中广泛应用。可以利用卵石铺成各种图案纹样构成园景，另外用卵石铺设的园路，让人们在游览的同时可以进行健康锻炼。通常，可以深色（或较大的）卵石为界线，以浅色（或较小的）卵石填入其间，拼填出鹿、鹤、孔雀等动物的形状，或拼填出带有吉祥如意内涵的图形，景观效果生动形象。

碎料路面
工程施工

一、实训目标

1. 培养学习动手能力，能理论联系实际，通过动手实践，掌握卵石路面的施工方法、施工工艺以及质量要求、质量检查方法。

2. 熟记卵石路面工程质量允许偏差和检验方法，养成高质量、高水平、高标准的工程意识。

二、实训内容

在实训场地，学生每 4~5 人为一组完成一段卵石路面铺装，相关施工图纸如图 6-12、图 6-13 所示。

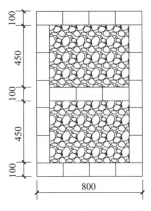

图 6-12　卵石路面平面图

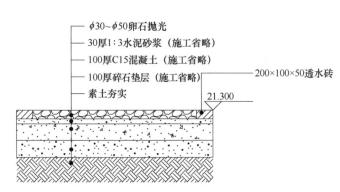

图 6-13　卵石路面剖面图

三、实训工具与材料

1. 工具

铁锹、锄头、橡胶锤、抹子、线团、钢卷尺、水平尺、激光水平仪、记号笔、泥桶、水桶、手推车、手套等。

2. 材料

卵石、沙子等。

四、实训操作流程与要点

实训操作流程：施工放线→修筑路槽、素土夯实→垫层和基层施工→围边石施工→结合层施工→面层施工。

实训要点：

1. 施工放线

按照园路设计图中的施工坐标方格网，将所有坐标点测设到场地上并打桩定点。再用木条或塑料条等定出铺装图案的形状，调整好相互之间的距离，将图案固定下来。

2. 修筑路槽、素土夯实（施工省略）

根据设计的要求，在实训场地内将施工面开挖平整并清理多余的土方，使其达到设计标高；然后用木夯将路基碾压密实。

3. 垫层和基层施工（施工省略）

4. 围边石施工（施工省略）

根据图纸中卵石路面的设计，按照透水砖路面的施工流程将卵石路面的围边石进行定位施工，如图 6-14、图 6-15 所示。

图 6-14 围边石铺设

图 6-15 围边石外形

5. 结合层施工（施工省略）

6. 面层施工

卵石路面铺装方法有干铺法和湿铺法，从环保角度考虑，施工时直接使用沙子代替水泥砂浆，并选用干铺法进行面层的施工。具体操作如下：

根据设计图纸中的高程将干沙平摊在已放线的位置，用带齿抹子刮平并用木板拍实后，再把卵石匀称地排列在边石的内部空间，并将卵石埋入干沙面以下 2/3 高度之后再用小木板把卵石拍平，如图 6-16、图 6-17 所示。

图 6-16 排列卵石

图 6-17 拍平卵石

在拍平后的卵石上匀称地撒上水泥粉（使用沙子代替），并用扫把将沙子扫平，如图 6-18 所示。再用喷雾器喷水清洗，直到将卵石上的水泥粉（沙子）全部冲刷干净为止，然后将周边整理干净并洒水冲扫成形，如图 6-19 所示。

图 6-18 扫缝

图 6-19 成形效果图

注意事项：

（1）注意卵石排列间隙的线条要呈不规则的形状，千万不要弄成十字形或直线形。

（2）在实际施工过程中挑选卵石时，要选择质地坚硬、无裂纹的石头，确保使用寿命长久。铺设卵石地面时，要求地面平整、稳固，避免出现高低不平的情况。在填充缝隙时，要使用与水泥颜色相近的材料进行填充，使地面看起来整体美观。保养时，要定期清洗地面，并保持地面干燥，避免长时间浸泡在水中。

五、实训小结

本实训主要是园路卵石铺装练习，要求学生掌握卵石铺装施工工艺及技术关键，施工技术关键点是卵石插入干沙面的深度不能小于卵石高度的2/3，同时应选择规格、大小均匀一致的卵石。卵石面完成施工后，其顶面应平整一致、间隙均匀。

六、实训评价

序号	考核项目	参考分	标准值	得分
1	尺寸	0~30分	测量 3 处，每处误差±（0~2）mm，10分；误差±（2~4）mm，5分；误差>4mm，0分	
2	标高	0~30分	测量 3 处，每处误差±（0~2）mm，10分；误差±（2~4）mm，5分；误差>4mm，0分	
3	水平度	20分	测量 2 处，水准气泡未出线为"是"，出线为"否"；是/否	
4	卵石间隙是否均匀	20分	是/否	
考核成绩（总分）				

实训十八　冰裂纹路面铺装施工

冰裂纹路面铺装是指用边缘不规则的石板模仿冰面的裂纹样式，路面石板之间的接缝呈不规则折线，用水泥砂浆勾缝，多为平缝或凹缝，以凹缝为佳。若是在草地也可不勾缝，便于草皮长出，成为冰裂纹嵌草路面。还可做成水泥仿冰裂纹路面，即在现浇水泥混凝土路面初凝时模印冰裂纹图案，然后表面拉毛，效果也较好。冰裂纹路面适用于池畔、山谷、草地和林中的游步道。

一、实训目标

1. 培养学习动手能力，能理论联系实际，通过动手实践，掌握冰裂纹路面的施工方法、施工工艺以及质量要求、质量检查方法。

2. 熟记冰裂纹路面工程质量允许偏差和检验方法，养成良好的质量规范意识。

3. 在实训过程中，培养学生的安全意识，做到安全施工第一位。

二、实训内容

在实训场地，学生每 5 人为一组，在划定的区域按图 6-20、图 6-21 完成园路铺装。

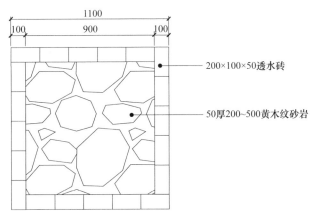

图 6-20 冰裂纹路面平面图

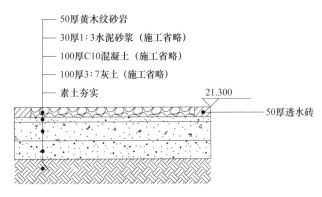

图 6-21 冰裂纹路面剖面图

三、实训工具与材料

1. 工具

铁锹、锄头、橡胶锤、抹子、线团、钢卷尺、水平尺、激光水平仪、记号笔、泥桶、水桶、手推车、手套、铁锤和錾子等。

2. 材料

黄木纹砂岩、透水砖、沙子等。

四、实训操作流程与要点

实训操作流程：挑选黄木纹砂岩→清理基层→铺装放样、弹线→摊铺水泥砂浆结合层→预排、试铺→灌缝、擦缝。

实训要点:

1. 挑选黄木纹砂岩

根据设计要求的颜色、规格挑选合适规格的黄木纹砂岩。

注意事项:应按施工图纸的要求选用黄木纹砂岩的外形尺寸,少量的不规则的黄木纹砂岩应在现场使用铁锤和錾子进行加工。先将有缺边掉角、裂纹和局部污染变色的黄木纹砂岩挑选出来,完好的进行套方检查,规格、尺寸如有偏差,应磨边修正。

2. 清理基层

根据设计要求,将铺装区域整理干净。使用铁锹或泥抹子将铺装区域的位置平整到位,如图 6-22 所示,并测设好路面基层的高程。

注意事项:实际工程施工过程中的清理基层作业,必须将黏结在基层上的灰浆层、尘土等清扫干净,然后洒水湿润,扫素水泥浆(随刷水泥浆随铺砂浆)。

3. 铺装放样、弹线

根据设计要求的图案,结合园路尺寸,在场地内将园路边线使用线团挂线测放出边线,并使用激光水平仪和水平尺找出面层标高,如图 6-23 所示。

图 6-22 平整场地 图 6-23 测放面层标高

4. 摊铺水泥砂浆结合层

铺筑路面时,采用 1∶3 干硬性水泥砂浆作为结合层,厚度为 30mm。实训过程中采用沙子代替砂浆。

5. 预排、试铺

参照透水砖路面的边石安装过程将黄木纹砂岩的边石安装到位,如图 6-24 所示。然后将挑选好的黄木纹砂岩铺设在边石外进行冰裂纹路面的预铺,如图 6-25 所示。预铺过程中,对于黄木纹砂岩边角不合适的地方使用铁锤和錾子将边角进行敲击修整。

待整个铺装面预排好后,将黄木纹砂岩按照预排样式移入边石内进行正式铺装,同时根据完成面标高将结合层进行抬高或降低至设计高程,然后再使用橡胶锤将黄木纹砂岩敲击密实,如图 6-26、图 6-27 所示。依此步骤完成所有黄木纹砂岩的铺装,铺装完成后应尽量使所有黄木纹砂岩的顶面保持在同一个水平面上。

图 6-24　边石铺砌

图 6-25　黄木纹砂岩预铺

图 6-26　黄木纹砂岩铺装

图 6-27　测量完成面标高并敲击密实

　　注意事项：黄木纹砂岩碎拼是一种较为随意的铺装方式，在进行试铺时可以运用石材的不同规格、不同形态进行切割调整，以达到理想的线型，便于在铺装时具有理想的效果。

6. 灌缝、擦缝

　　实训时使用沙子代替水泥进行灌缝、擦缝。具体操作如下：在完成了黄木纹砂岩的铺砌后，将细沙摊铺在黄木纹砂岩的表面，然后使用刷子或扫把将细沙扫至缝隙当中，如图 6-28 所示；最后在其表面淋水，成形效果如图 6-29 所示。

图 6-28　灌缝、擦缝

图 6-29　成形效果图

注意事项：

（1）在实际工程中，灌缝的工作一般是在铺砌完成 1~2 个昼夜后进行。根据设计要求，石材之间的间隙应灌满干硬性水泥砂浆，厚度与黄木纹砂岩上面层基本持平，然后再将素水泥浆浇筑在之前的水泥砂浆面上，同时使用勾缝工具将其表面找平压光。

（2）在勾缝后，后期还需要对冰裂纹路面进行养护，养护时间不少于 7d。

五、实训小结

1. 注意安全，在加工石材时一定要戴护目镜和口罩等防护用品。

2. 铺装前强调预铺预排。

3. 施工技术关键点是接缝平整、缝隙均匀。

六、实训评价

序号	考核项目	参考分	标准值	得分
1	尺寸	0~30分	测量 3 处，每处误差 ±（0~2）mm，10 分；误差 ±（2~4）mm，5 分；误差 >4mm，0 分	
2	标高	0~30分	测量 3 处，每处误差 ±（0~2）mm，10 分；误差 ±（2~4）mm，5 分；误差 >4mm，0 分	
3	水平度	20分	测量 2 处，水准气泡未出线为"是"，出线为"否"，是/否	
4	石材间隙是否均匀	20分	是/否	
考核成绩（总分）				

实训十九　块石路面铺装施工

一、实训目标

1. 培养学生动手能力，能理论联系实际，通过动手实践，掌握块石路面的施工方法、施工工艺以及质量要求、质量检查方法。

2. 熟记块石路面工程质量允许偏差和检验方法，增强学生的美学意识和规范意识。

二、实训内容

在实训场地，学生每 4~5 人为一组，在划定的区域按图 6-30、图 6-31 完成块石路面铺装。

块料路面
园路施工

三、实训工具与材料

1. 工具

铁锹、锄头、橡胶锤、抹子、线团、钢卷尺、水平尺、激光水平仪、记号笔、泥桶、水桶、手推车、手套、口罩、防护眼镜、隔音耳塞等。

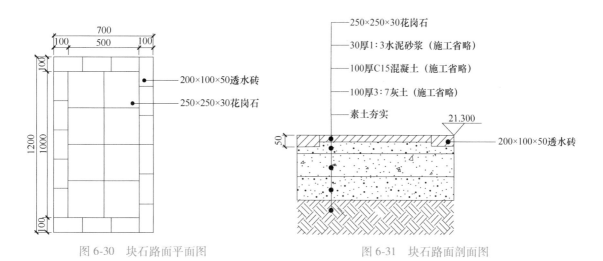

图 6-30　块石路面平面图　　　　　　　图 6-31　块石路面剖面图

2. 材料

花岗石、透水砖、沙子等。

四、实训操作流程与要点

实训操作流程：施工放线→修筑路槽、素土夯实→垫层和基层施工→围边石施工→铺设砂浆结合层→石材面层施工。

实训要点：

1. 施工放线

具体施工参照实训十六，如图 6-32、图 6-33 所示。

图 6-32　平整场地　　　　　　　　　图 6-33　定点放线

2. 修筑路槽、素土夯实

具体施工参照实训十六，如图 6-34、图 6-35 所示。

图 6-34　修筑路槽

图 6-35　夯实基础

3. 垫层和基层施工

具体施工参照实训十六，如图 6-36、图 6-37 所示。

图 6-36　垫层和基层施工（一）

图 6-37　垫层和基层施工（二）

4. 围边石施工

具体施工参照实训十六，如图 6-38 所示。

5. 铺设砂浆结合层

具体施工参照实训十六。因透水砖同块石厚度相差 2cm，需要使用砂浆进行找平，本次实训是模拟实训，采用沙子进行结合层的找平，如图 6-39 所示。

图 6-38　围边石安装

图 6-39　结合层找平

6. 石材面层施工

实训时使用干沙代替水泥砂浆，铺砌时要像实训十六那样带一条水平线施工。具体操作如下：首先将摊铺的干沙刮平至一定高度，然后再将块石放置在干沙上进行预铺排版，如图 6-40 所示。在排版合适后移开块石，在干沙上浇一层素水泥浆（此处省略不做），然后正式铺砌，用橡胶锤将块石敲实敲平，如图 6-41 所示；并用激光水平仪和水平尺测设高程和水平度。按照此方法依次完成所有铺装的铺砌施工，如图 6-42 所示。

图 6-40 预铺块石

图 6-41 调平块石

图 6-42 成形效果图

注意事项：实际施工过程中，在铺砌前应对块石的规格、尺寸、外观质量、色泽等进行预选，对于有缺角、裂缝的块石应留置不用，作为后期切割补缺使用。勾缝和压缝应采用同品种、同强度等级、同颜色的水泥，并做好养护和保护。面层表面应洁净、图案清晰、色泽一致、接缝平整、深浅一致、周边顺直，块石无裂缝、掉角和缺棱等缺陷。

五、实训小结

本实训主要是块石路面铺装练习，要求学生掌握块石路面铺装施工工艺及技术关键，施工技术关键点是接缝平整、周边顺直，同时应注意块石铺砌时边石与面层块石的规格及缝隙调整。

六、实训评价

序号	考核项目	参考分	标准值	得分
1	尺寸	0~30分	测量3处，每处误差±（0~2）mm，10分；误差±（2~4）mm，5分；误差>4mm，0分	
2	标高	0~30分	测量3处，每处误差±（0~2）mm，10分；误差±（2~4）mm，5分；误差>4mm，0分	
3	水平度	20分	测量2处，气泡未出线为"是"，出线为"否"，是/否	
4	块石间隙宽度	20分	用钢尺和楔形塞尺检查，间隙宽度≤3mm	
考核成绩（总分）				

假 山 工 程

实训二十　塑山工程施工

一、实训目标

掌握塑山工程的施工方法和施工步骤。

塑山的特点及分类

塑山工程施工

二、实训内容

学生按每组 5~6 人分组，按照图 7-1~图 7-3 完成塑山工程施工。

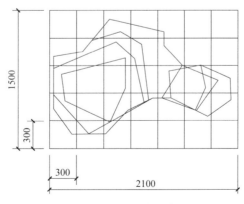

图 7-1　塑山平面图

三、实训工具与材料

1. 工具

铁锹、锄头、抹子、线团、钢卷尺、记号笔、泥桶、手推车、手套、口罩、防护眼镜等。

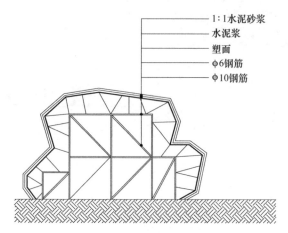

图 7-2　塑山钢筋结构骨架平面图　　　　图 7-3　塑山钢筋结构骨架剖面图

2. 材料

石块、红砖、水泥、砂、钢筋、钢丝网、黄泥等。

四、实训操作流程与要点

实训操作流程：基础放样→基槽开挖→基础施工→骨架制作→钢丝网铺设→打底塑形→塑面→设色→养护。

实训要点：

1. 基础放样

按照塑山平面图中所绘的施工坐标方格网，选择与地面有参照的可靠固定点作为放线定位点，然后以此点为基点，按实际尺寸在地面上画出方格网。利用放线尺等工具将纵、横坐标点分别测设到场地上，再在每个交点处立木桩，并在坐标点打桩定点；然后以坐标桩点为准，根据塑山平面图，用白灰在场地地面上放出轮廓线。

为了便于基础和土方的施工，应在不影响堆土和施工的范围内，选择便于检查基础尺寸的有关部位，如塑山平面的纵、横中心线，纵、横方向线和边线，主要部位的控制线等的两端，作为测量尺寸或再次放样的基本依据点。此塑山工程实训的场地是塑料板，直接在其上使用墨斗进行放线施工。

2. 基槽开挖

此次实训是在塑料板上进行，因此省略不做。

注意事项：在实际工程中，挖基槽要按垫层宽度每边各增加 30cm 的工作面，在基槽开挖时，测量工作应跟踪进行，以确保开挖质量；土方开挖及清理结束后要及时验收隐蔽，避免地基土裸露时间过长。

3. 基础施工

进行了基槽开挖并完成了二次放线后，应依据布置在场地边缘的龙门桩进行基础施工，要在基础层的顶面重新绘出塑山的山脚线，同时还要绘出主峰、客山和其他陪衬山的中心点位置。

根据施工结构图及下列流程完成基础的施工（从环保角度考虑，此处省略不做），直接在现有场地进行施工：素土夯实→铺设 200mm 厚粗砂垫层→铺设 200mm 厚 C10 素混凝土→底板钢筋绑扎→混凝土浇筑→养护。

注意事项：如果山内有山洞，还要将山洞内的每个洞柱的中心位置找到，并打下小木桩标出，以便于山脚和洞柱柱脚的施工。

4. 骨架制作

（1）主龙骨搭建：用 16 号镀锌铁丝制作塑山骨架的主龙骨，然后根据塑山平面图及立面图所需的各种形状进行连接。

（2）副龙骨搭建：用 10 号镀锌铁丝制作副龙骨，与主龙骨相连接把塑山的基本形体制作出来，这个过程要做出基本的起伏关系。

（3）加固副龙骨与主龙骨之间的衔接并将主结构进一步加固，加密支撑体系的框架密度，使框架的外形尽可能接近设计的山体形状，变几何体为凹凸的自然形状。

注意事项：实际工程中为了防止骨架在山体内部出现锈蚀的情况，在骨架制作完成后，要对所有的金属构件刷防锈漆两遍。

5. 钢丝网铺设

绑扎钢筋网时，选择易于挂泥的钢丝网，网孔直径约为 10mm，需将全部的钢丝相交点扎牢，避免出现松扣、脱扣。相邻绑扎点的绑扎钢丝扣成八字形，以免钢丝网片歪斜变形。钢丝网根据设计要求用木锤和其他工具成形。

6. 打底塑形

塑山骨架及钢丝网完成后，用水泥加入适量的纸筋灰或麻丝，加水混合搅拌成水泥浆。水泥浆的稠度以易抹黏网的程度为佳。把拌好的水泥浆用小型抹子在托板上反复翻动。抹灰时将水泥浆挂在钢丝网上，注意不要像抹墙那样用力，手要轻，轻轻地把灰挂住即可，如图 7-4、图 7-5 所示。

图 7-4 打底塑形

图 7-5 细节处理

待第一层水泥基本干燥后，用 1∶1 的水泥砂浆轻轻涂抹于表层，使上一层更坚实牢固，然后在其上进行山石皴纹造型。

注意事项：水泥砂浆中可掺入纤维掺和料，以增加表面的抗拉强度，减少裂缝。

7. 塑面

完成基本的塑形后，在塑山表面进一步细致地刻划石的质感、色泽、纹理和表层特征。根据设计要求的质感和色泽，用石粉、色粉按适当比例配白水泥或普通水泥调成砂浆，按粗糙、平滑、拉毛等塑面手法处理，如图 7-6 所示。最后用 M20 水泥砂浆罩面塑造山石的自然皴纹。

注意事项：对于纹理的塑造，一般来说，直纹为主、横纹为辅的山石，能表现峻峭、挺拔的姿势；横纹为主、直纹为辅的山石，能表现潇洒、豪放的意象；综合纹样的山石，能表现深厚、壮丽的风貌。

图 7-6　塑面

8. 设色

在塑面水分未干透时进行设色，基本色调用颜料粉和水泥加水拌匀，逐层撒染。在石缝孔洞或阴角部位略撒稍深的色调，待塑面完成时，在凹陷处撒上少许绿色、黑色或白色的大小、疏密不同的斑点，以增强塑山的立体感和自然感，如图 7-7 所示。

图 7-7　成品效果图

9. 养护

在水泥初凝后开始养护，用麻袋片、草帘等材料覆盖养护，避免阳光直射，并每隔 2~3h 浇水一次。浇水时，要注意轻淋，不能直接冲射。如遇雨天，应用塑料布等进行遮盖。养护期不少于半个月。在气温低于 5℃时应停止浇水养护，采取防冻措施，如遮盖稻草、草帘、草包等。塑山内部的钢骨架，以及一切外露的金属构件每年应进行一次防锈处理。

五、实训小结

1. 开工之前需要制订好施工方案。

2. 钢骨架制作过程中应确保连接点牢固，支撑点之间不宜跨度过大。如果设计要求有悬挑或者镂空的构造，则需要制作独立支撑并与主体连接牢固。

3. 施工后应及时养护避免产生裂缝，如果发现有细微裂缝，应结合实际情况及时处理，避免延展形成通缝。

4. 山体面层修饰和上色不能一次成形，可以分三次上色，这样容易保证颜色比较饱满且不易脱落，每次上色之前都应该确保基底干燥。

六、实训评价

序号	考核项目	参考分	标准值	得分
1	塑山主体工程	20分	山体的各个面均圆润，无锐角，是/否	
2	塑山的基础	20分	地基承载力满足施工的需求，是/否	
3	塑山主体构造	20分	符合设计和安全规定，结构稳定性符合抗风、抗震等要求，是/否	
4	外形艺术处理	30分	外形艺术处理自然完整，是/否	
5	质感	10分	质感符合石材的材质、色泽、造型等要求，是/否	
考核成绩（总分）				

项目八

照 明 工 程

实训二十一　草坪灯安装施工

一、实训目标

1. 学会草坪灯的布置形式及连接方式。
2. 了解草坪灯的安装及调试方法。
3. 掌握草坪灯安装施工中电缆线管埋设的施工工艺及流程。

园路照明工程　　　　　园路照明工程施工　　　　　景观照明工程

二、实训内容

学生按每组 5~6 人分组，完成图 8-1、图 8-2 所示草坪灯的安装。

三、实训工具与材料

1. 工具

铁锹、锄头、专用剪刀（断管器）、钢卷尺、螺丝刀、剥线钳、弯管器、穿线器等。

2. 材料

电缆、管道及配件、石灰、草坪灯、电工胶带等。

四、实训操作流程与要点

实训操作流程：定点放线→沟槽开挖→管道预埋安装→土方回填→电缆安装敷设→灯具安装→线路连接→联动调试。

实训要点：

1. 定点放线

根据草坪灯平面布置图，将管道与建筑物的尺寸测放在实训场地上，然后撒白灰或打桩定点，如图 8-3 所示。具体操作：先在图纸中量取灯具尺寸进行定位，然后每两个灯具之间连线确定管道位置。

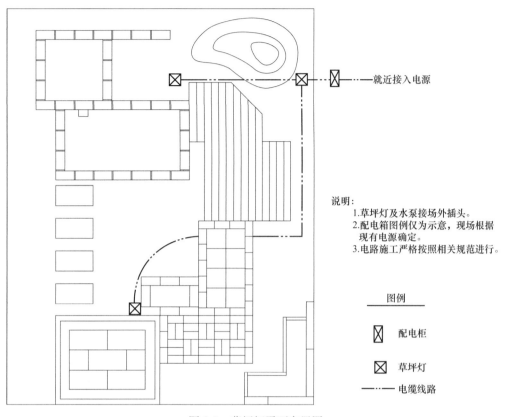

说明：
1. 草坪灯及水泵接场外插头。
2. 配电箱图例仅为示意，现场根据现有电源确定。
3. 电路施工严格按照相关规范进行。

图例

⊠　配电柜

⊠　草坪灯

—·—·—　电缆线路

图 8-1　草坪灯平面布置图

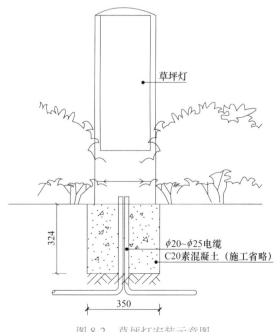

图 8-2　草坪灯安装示意图

图 8-3　定点放线

注意事项：

（1）一般情况下，照明线路布置以直线形式为主，若遇建筑物应该避开绕行，以便于后期维护。但应尽量避免出现图 8-1 中的 90°转角，因为 90°转角不便于后期电缆的穿行及维护。若确实需要做成 90°转角，应在转角位置设置手孔井以方便管线布管及后期穿线。

（2）管道穿越路面时应尽量走直线，同时应设置钢套管。

2. 沟槽开挖

沟槽开挖的位置、基底标高、尺寸，应符合图纸及电缆敷设规范的要求，如图 8-4 所示。沟槽弃土应放置在离沟槽 1m 以上的位置，不得堆放在沟槽附近，避免妨碍施工和槽壁稳定，槽底埋有块石、树根、废桩等物体的应清除或铲除。

图 8-4　沟槽开挖

3. 管道预埋安装

管道沿着开挖后的沟槽散开摆好，在需要切割管道的位置用断管器剪断。断管时，管道断面应同管轴线垂直，无毛刺。灯具安装的位置需要将管道弯制成接近 90°的形式，然后将管道预埋好，如图 8-5 所示。

图 8-5 管道预埋

注意事项：

（1）弯管器应选用与管道管径配套的规格，以防出现管道破裂的情况。

（2）弯管器在定位时应以弯管器长度方向的中心点为准量取距离，同时在弯制管道时应匀速弯制，速度不能太快，还应避免用力过猛，以防破坏管道。

（3）现场施工时管道预埋好后，管头的位置需要用胶带或堵帽进行封堵，以防施工时有泥土进入堵塞管道，影响施工。

4. 土方回填

待管道预埋好后，将立管位置定位并用木桩或钢筋进行临时固定，然后再进行沟槽其余位置的回填。填土应及时且需用良土或砂回填，防止管道暴露时间过长或回填土质不良造成损失。

注意事项：

（1）现场施工回填土时不得回填淤泥、砖块及其他硬性物体。

（2）电力电缆管道周围必须用粗砂或软土人工回填，严禁使用机械回填。

（3）跨越道路时，因路面可能下沉，所以回填土须高出地面少许。

（4）沟槽开挖较深时，需要参照给（排）水管道回填要求先将管道周边回填，然后再回填上部土方。应分层回填土方，避免一次性回填。

5. 电缆安装敷设

将土方回填好后，再进行电缆的敷设。为了减少电缆的损耗，敷设前应先计算好灯具及线路之间需要的电缆长度，并使用剥线钳裁剪出相应的长度。

电缆准备好后，使用穿线器从灯具安装位置的一头穿入，从管道另一头穿出，如图 8-6 所示。然后将电缆前端的绝缘层削去后（图 8-7），与穿线器连接，如图 8-8 所示，电缆端头位置折弯穿入穿线器管头位置并压紧，再用电工胶带绑扎牢固，如图 8-9 所示。最后回拉穿线器将电缆拖拉出管道，完成电缆的敷设。

注意事项：

（1）现场施工时，电缆线径要统一，电缆与穿线器的连接一定要牢靠，防止回拉过程中电缆脱钩，造成返工。

图 8-6　穿线器作业

图 8-7　裁剪电缆端头

图 8-8　电缆端头与穿线器连接

图 8-9　电工胶带绑扎牢固

（2）电缆的长度应适当比线路需要的长度长 20~30cm，便于后期灯具安装接线。

6. 灯具安装

本次使用的灯具为草坪灯，安装前先将灯壳拆开将光源装入，如图 8-10 所示，同时裁剪一段 BV 线（铜芯聚氯乙烯绝缘电线）作为引线连接电缆，如图 8-11 所示，然后使用剥线钳将电缆端头剥出一定长度（具体长度根据需要确定）与灯头相连，完成灯具的连接。

图 8-10　拆开灯壳装入光源

图 8-11　灯头连接引线

连接后，接头位置先用胶带将线头包裹起来，然后用电工胶带进行缠绕，防止电缆漏电。最后将草坪灯放置在灯具安装位置，并进行调平固定（此处为模拟施工，混凝土墩就不做了），以防止灯具倾斜或朝向不对。

注意事项：

（1）现场施工时，使用前应检查灯具的型号、规格是否符合设计要求和国家标准的规定，灯具配件是否齐全等。

（2）灯具在安装时要注意朝向问题，尤其是灯具光源有具体朝向要求。

（3）现场安装灯具时，一般会从灯头的位置用 BV 线作为引线，然后再与电缆连接起来，电缆与灯头连接时注意区分零（火）线。

7. 线路连接

灯具都安装到位后，将电缆的另一头使用剥线钳将外皮剥掉，剥出里面的线头，然后与配置好的简易配电柜中的断路器相连接。连接时，火线连接在断路器上，零线连接在配电柜中的零线接口处，地线连接在地线接口处。

注意事项：

（1）现场施工时，照明系统一般采用的是单极开关，火线单独连接，零线全部共用一个连接口。

（2）现场施工时配电柜一般放置在室外，所以外观以不锈钢的形式为主。正常施工情况下，会按规程做接地保护与配电柜相连，以防发生漏电。

（3）现场施工时照明工程的电缆一般为 3 芯线，除了零（火）线外还有一根是地线，所以所有的灯具在连接时应将地线与灯具相连接，以保证安全。

（4）现场施工时，由于线路多，继而电缆线头多，所以在连接电缆时需要在线头位置将线路标记清楚，方便后期线路连接及调试检测。

8. 联动调试

待所有线路连接完成后，设置时间控制开关，如图 8-12 所示，为了便于观察，设置不同线路的开启、关闭时间间隔为 2~5min。设置完成后，将电源开关打开通电试运行，然后等待时间控制开关起动，以此来观测线路的连接是否通畅，灯具是否亮起，如图 8-13 所示。

图 8-12　设置时间控制开关

图 8-13　灯具通电效果

注意事项：灯具若未点亮，应检查线路连接是否正确。

五、实训小结

1. 预埋管道时，管道端头位置需做保护。
2. 电缆连接时需做接地处理。
3. 管道连接时，应在涂刷胶水后迅速无旋转地均匀用力插入。

六、实训评价

序号	考核项目	参考分	标准值	得分
1	定点放线	15分	误差±(0~3) cm, 15分；误差±(3~6) cm, 10分；误差±(6~9) cm, 5分；误差>9cm, 0分	
2	管线预埋安装	30分	误差±(0~1) cm, 30分；误差±(1~3) cm, 20分；误差±(3~5) cm, 10分；误差>5cm, 0分	
3	灯具安装是否垂直	20分	是/否	
4	是否调试时间控制开关	20分	是/否	
5	草坪灯亮度是否满足照明要求	15分	是/否	
考核成绩（总分）				

项目九

种 植 工 程

实训二十二　带土球乔（灌）木种植施工

一、实训目标

1. 掌握乔（灌）木配置方式。
2. 掌握乔（灌）木种植流程。
3. 培养学生规范操作的职业素养以及爱护植物的生态观。

二、实训内容

1. 根据表9-1准备好施工用苗木。苗木应符合《园林绿化木本苗》（CJ/T 24—2018）的相关要求。

表 9-1　苗木清单

序号	图例	名称	规格			数量	单位	备注
			胸径	高度	冠幅			
1		独杆石楠	—	1.2~1.5m	—	1	株	—
2		桂花	2~3cm	1.5~1.8m	—	1	株	—
3		木槿	—	0.8~1.0m	0.5~0.6m	3	株	—
4		金边黄杨球	—	0.5~0.8m	0.5~0.6m	4	株	—

2. 学生按每组5~6人分组，完成图9-1中乔（灌）木的种植任务。

三、实训工具与材料

1. 工具

锄头、镐、铲、铁锹、枝剪、手锯、柴刀、卷尺、喷壶、水桶、笔、笔记本等。

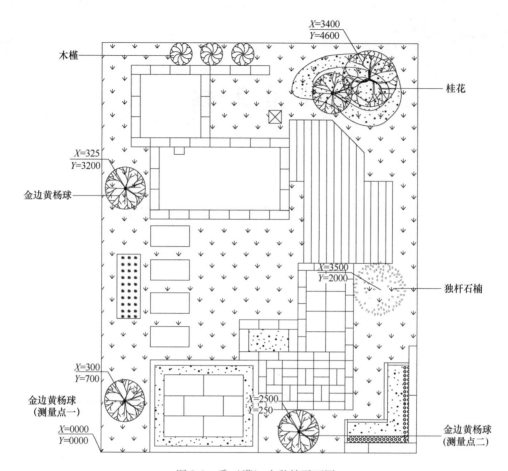

图 9-1 乔（灌）木种植平面图

2. 材料

木桩、草绳、钢丝、橡胶管、白灰、保护剂、喷漆等。

四、实训操作流程与要点

实训操作流程：定点放线→栽植穴开挖→苗木修剪→苗木栽植→立支架→苗木养护。

实训要点：

1. 定点放线

运用坐标定点法对金边黄杨球的种植点进行定位。首先定好原点位置，原点位置如图 9-1 所示。以原点作为参考点，用卷尺按图中金边黄杨球的坐标定出其位置，如图 9-2 所示，在位置点上撒上白灰。再根据表 9-1 中金边黄杨球的规格及表 9-2 确定栽植穴范围为穴径 50~60cm、穴深 40cm，并用白灰撒出栽植穴范围，如图 9-3 所示，可在栽植穴范围内钉上木桩，并用笔在木桩上记录此穴种植的植物及栽植穴规格。按此操作流程确定独杆石楠、木槿、桂花的种植点。

表 9-2　乔（灌）木栽植穴的规格

乔木胸径/cm	—	3～5	5～7	7～10	—
落叶灌木高度/m	—	1.2～1.5	1.5～1.8	1.8～2.0	2.0～2.5
常绿树高度/m	1.0～1.5	1.5～2.0	2.0～2.5	2.5～3.0	3.0～3.5
穴径/cm×穴深/cm	(50～60)×40	(60～70)× (40～50)	(70～80)× (50～60)	(80～100)× (60～70)	(100～120)× (70～90)

注：1. 乔木包括落叶和常绿分枝单干乔木。

　　2. 落叶灌木包括丛生或单干分枝落叶灌木。

　　3. 常绿树是指低分枝常绿乔（灌）木。

图 9-2　定点放线

图 9-3　白灰定位

注意事项：

（1）种植人员接到设计图纸后，应到现场核对图纸，了解地形、地上物和障碍情况，作为定点放线的依据。

（2）定点放线如遇线杆、管道、涵洞、变压器等物应错开，并按规定留出适当的距离，定点后应由有关人员验点。

（3）种植自然式树丛时，定点可先用白灰定出树丛的范围，在所圈范围的中间明显处钉一个木桩，在木桩上标明树种、栽植数量和栽植穴规格。然后在每个种植点用铁锹挖一个坑或撒上白灰作为挖栽植穴的中心位置。

2. 栽植穴开挖

根据定点放线的范围，用铁锹、镐、铲等工具挖穴，如图 9-4 所示。先从四周向内向下开挖，待挖到确定的深度后；再将穴壁削直，穴底铲平，穴壁应上下垂直，上口下底一样大，严禁挖成锅形；最后将穴底刨松，在穴中心堆个小土坡。挖穴时，应将挖出的好土与次土分开堆放。

图 9-4　栽植穴开挖

注意事项：

（1）栽植穴应有足够的大小，以容纳植株的全部根系，避免栽植过浅和窝根。栽植穴的直径应大于土球直径 40cm，穴深宜为穴径的 3/4～4/5。当土壤密实度大于 $1.35g/cm^3$ 或渗透系数小于 $10^{-4}cm/s$ 时，应采取扩大栽植穴、疏松土壤等措施。

（2）栽植穴开挖前要确保开挖的位置不会对周围构筑物等造成安全隐患。

（3）注意清理栽植穴内部的杂物，以确保树木的根系能在土壤里自由生长。同时，要注意清理栽植穴周围的杂草，防止其抢夺树木的养分。最好在植物栽植后用稻草覆盖树干周围土壤，避免杂草生长。

（4）栽植穴开挖作业必须遵守环保法规，并严格遵守施工安全规定。

3. 苗木修剪

施工图中的植物均为常绿树种，采取疏枝、短截、摘叶等修剪方式，用枝剪或手锯、柴刀等工具对病枝、残枝进行修剪，注意保持原有树形以及剪口、锯口要平滑，对较大的剪口、锯口要涂抹保护剂。

注意事项：

实际工程中，对于种植数量比较多、项目比较大的种植工程，应根据树种习性确定各苗的修剪方案。

（1）松类苗木一般以疏枝为主，剪去重叠多余枝、下垂枝、内腔斜枝、枯枝、病虫枝和损伤枝等。而柏类苗木一般不宜修剪，但竞争枝、枯死枝和病虫枝应及时剪除。

（2）常见的常绿阔叶乔木，对于移栽成活率较高的以疏枝、摘叶为主，保留外形，修剪内腔；对于移栽成活率较低的，以短截、摘叶为主；具有圆头形树冠的，可适量疏枝；枝叶集生于树干顶部的，可不修剪。

（3）若有明显主干的灌木，以短截为主，保持原有树形。丛植型灌木以疏枝为主，多干型灌木不宜疏枝。

（4）对于种植在特定位置的苗木，可通过修剪保证其枝高的一致，使外形整齐美观。

4. 苗木栽植

（1）散苗。根据乔（灌）木种植平面图和挖穴时设置的标记，将修剪好的苗木散放于种植穴边，同时做好核对工作。散苗过程中注意控制散苗速度，做到边散边栽，以减少苗木暴晒时间。散苗时要轻拿轻放，严禁损伤树皮、枝干和散球。

注意事项：

1）有特殊要求的苗木，应按规定对号散苗，不得混乱。对于行道树或成排栽植的，应尽量保证所有苗木的规格基本一致。

2）较小的土球苗，可采用人抬车拉的方式散苗。较大的土球苗，可多人抬运或用起重机辅助散苗。

（2）栽植。施工图中的植物均为常绿树种，栽植时要先将苗木轻轻放入栽植穴中（必须做到轻拿轻放），然后将土球上的草绳或容器袋剪开，并取掉草绳或容器袋，要保证土球完整；待苗木摆正后再进行埋土，埋土至原种植线到根底的 1/3 处，然后进行踩实，踩实时不得直接踩苗木的树根或土球；待踩实后再回填土至原种植线到根底的 2/3 处，再进行踩实，再回填土至原种植线以上 5～10cm，再踩实，如图 9-5 所示。

图 9-5 苗木栽植

注意事项：

1）实际工程中，土球苗入栽植穴前，应校核栽植穴的直径和深度是否符合要求，如超过规定偏差范围应及时调整，不可将土球盲目入栽植穴，造成土球上下搬动而散球。

2）土球苗入栽植穴后，先扶正并调整好观赏面，将树形最好的一面朝向主要的观赏面，再在土球底部四周垫少量土，稳固土球。

3）将土球的打包物剪断并尽量取出。

4）填入好土，先捣实土球底部空隙，再分层填土分层压实。填满压实后，在栽植穴外围填筑 10~20cm 高的浇水堰。

5）带土球苗的栽植深度应略低于地面 5cm。

6）苗木栽植后的平面位置及高程须符合设计要求。

7）栽植行列树时，应每隔 10~20 棵先栽一棵"标杆树"，以保证行列横平竖直。

5. 立支架

栽植完后，根据苗木的大小、支撑材料合理选择支撑形式。对于单干或多干的乔木，一般选择三角撑形式，先用草绳对木棍与树干连接处进行绕绳处理，以免支撑木棍与树干摩擦损伤树皮；再以树干基部为中心，在树的周围均匀立三根支柱，由外向内斜撑于树干上，用钢丝或胶带进行绑扎固定，组成一个正三棱锥形。对于花灌木，一般采用门式支撑方式，将两根立柱在垂直于主导风向的树干两侧打入土壤中，再用一根横杆将树木和两根立柱绑扎固定在一起。

注意事项：

（1）常绿树的支撑高度应不低于树木主干的 2/3。

（2）支撑柱应埋入土中不少于 30cm。

（3）同规格、同树种的支撑物的材料、长度、支撑角度、绑缚形式应统一。

6. 苗木养护

（1）浇水。待施工图中所有的苗木栽植完之后，利用喷壶或水桶进行浇水，采用逐步浇灌法浇透第一次水，以使土壤缝隙密实，保证土球与土壤紧密结合。

注意事项：

1）第一次浇水需注意水流量要较缓，以免较大的水冲击力冲走新覆土壤。

2）2~3d 后浇灌第二次水，适当控制水量，以压土填缝为主要目的。

3）7~10d 后浇灌第三次水，水要浇透浇足。

（2）扶直封堰。第一遍水渗透吸收后，应及时检查苗木是否有歪倒现象，种植穴内是否有明显的裂隙、沉陷等。扶正歪倒的苗木，调整并加固支撑，用细土填平裂隙和沉陷部位。

三遍水浇完，土壤渗透吸收后，将浇水堰填平并高于地面，以利于保墒和防积水。

五、实训小结

1. 带土球苗木栽植全过程的土球上严禁站人。

2. 起重机辅助装苗、卸苗、散苗时，应有专人指挥和满足规范要求的安全防护措施。

3. 栽植土及表层土整理应符合《园林绿化工程施工及验收规范》（CJJ 82—2012）、《绿化种植土壤》（CJ/T 340—2016）、《城市园林树木支撑技术规范》（DB 3301/T 0369—2022）的相关规定。

六、实训评价

序号	考核项目	参考分	标准值	得分
1	是否进行了定点放线	0~10 分	是/否	
2	树穴开挖；栽植穴的直径应大于土球直径40cm，穴深宜为穴径的 3/4~4/5	0~30 分	误差±（0~2.5）cm，30 分；误差±（2.5~5）cm，25 分；误差±（5~7.5）cm，20 分；误差±（7.5~10）cm，15 分；误差±（10~12.5）cm，10 分；误差±（12.5~15）cm，5 分；误差>15cm，0 分	
3	是否进行了苗木修剪	0~10 分	是/否	
4	是否进行了散苗作业	0~10 分	是/否	
5	是否进行了栽苗作业	0~20 分	是/否	
6	支架是否符合要求	0~10 分	是/否	
7	是否进行了苗木养护	0~10 分	是/否	
考核成绩（总分）				

实训二十三　花境与地被种植施工

一、实训目标

1. 掌握花境与地被的配置方式及要求。

2. 掌握花境与地被的种植流程。

3. 培养学生规范操作的职业素养以及爱护植物的生态观。

二、实训内容

1. 按图 9-6 选择品种、规格、数量、色泽等满足要求的花卉类植物，苗木应符合《园林绿化木本苗》（CJ/T 24—2018）的相关要求。

2. 学生按每组 5~6 人分组，完成图 9-6 所示的花境与地被种植任务。

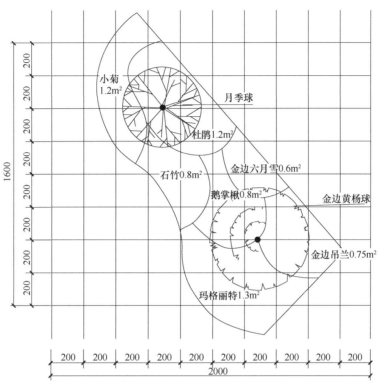

图 9-6　花境种植图

三、实训工具与材料

1. 工具

锄头、铲子、铁锹、耙子、枝剪、喷壶、水桶、卷尺、笔、笔记本等。

2. 材料

木桩、线团、白灰等。

四、实训操作流程与要点

实训操作流程：花灌木、种植床的准备→施工放线→栽植→浇水→修剪。

实训要点：

1. 花灌木、种植床的准备

（1）依据绿化设计方案，对图 9-6 中涉及的植物进行筛选，确保其规格与数量符合设计要求，以满足实际使用需求。

（2）根据设计的不同要求，选定的花灌木尽量满足生长健壮、色泽明亮、根系完整、根茎苗壮、茎芽饱满、叶色鲜艳、叶簇丰满、株形饱满等要求；尽量选用容器苗，地栽苗应保证移植根系完整，并带好土球，包装要结实、牢靠。

（3）图 9-6 中栽植的花灌木数量较少，可当日将所有的花灌木运至施工现场，并种植完。

（4）用锄头、铲子、铁锹、耙子等工具将种植床深翻、整平、改良。

注意事项：

（1）实际工程中种植的花灌木数量比较多时，应栽植多少起运多少，且应在栽植前一天运抵施工现场。

（2）按设计要求堆砌地形，填土完成后标高应超出设计标高 10~20cm，待沉降后达到设计标高。要求地形平整、棱角分明，并按照规范要求在 30cm 以内平整绿化地面至设计坡度要求，绿化地面的整体坡度控制在 2.5%~3%。栽植土表层与边石接壤处，栽植土应低于边石 3~5cm；栽植土与边口线应基本平直。

（3）栽植土的表层应整洁，所含石砾粒径大于 3cm 的不得超过 10%，粒径小于 2.5cm 的不得超过 20%，杂草等杂物不得超过 10%；土块粒径应符合下列要求：竹类、小灌木、宿根花卉、小藤本的土块粒径不大于 3cm，草坪、草花、地被的土块粒径不大于 2cm。整体地面要注意组织好排水，将水排至道路或排水沟，避免花境中积水。

（4）按要求进行土壤改良，施足基肥。化肥应有产品合格证明，或经过试验证明符合要求。有机肥应充分腐熟后方可使用。施用化肥应测定土壤有效养分含量，并宜采用缓释性化肥。

2. 施工放线

根据施工图进行放线，如图 9-7 所示；根据花境种植图中金边黄杨球等在网格中的位置确定其种植点，并按乔（灌）木栽植穴标记的方式对金边黄杨球等做好标记工作。

其他花境地被植物按以下方法确定种植边界：种植区域通过网格找出直线上的两个端点位置，打上木桩，两个木桩之间拉线撒白灰确定花境种植的边界；弧形种植边界可通过找弧线上的点进行相连而成，先找出弧线与网格相交的点，再多找几个弧线上的点，打上木桩，从而尽量拉出圆滑曲线，撒白灰确定弧形种植边界。种植边界确定后，将单株植物放入种植区内，如图 9-8 所示，以表示该区域种植植物的品种、规格，或者打上木桩进行标记。

图 9-7 施工放线   图 9-8 单株定位

3. 栽植

灌木球的种植方法参考乔（灌）木种植。其他花境地被植物的栽植按设计规定的苗木品种、放线范围，从底部栽植低矮的植株开始，如图 9-9 所示，依次向上逐层栽植高大的植株，整体外形成弧形面，如图 9-10 所示。栽植后应修整苗木间隙，使根部与土壤充分密合。

图 9-9　栽植苗木

图 9-10　成形效果图

注意事项：

（1）实际工程中在栽植前要确保土壤清洁，最好用杀虫剂、杀菌剂等进行消毒处理，减少病（虫）源。

（2）双面花境或岛式花境，从中心部位开始依次栽植。

（3）混合花境，先栽植大型植株，定好骨架后再依次栽植宿根、球根以及一年生、二年生的草花。

（4）花境栽植时，为防止地下根茎相互穿插混生，破坏花境观赏效果，可在各区块之间用砖、石等设置隔离带。

（5）尽量不要在极端低温、高温或大风等天气里栽植苗木。如在非种植季节施工，应提前进行断根处理，采用容器苗带土球移栽。在天气炎热的情况下，需对新栽植物采取遮阴、洒水等降温和补水措施，冬季寒冷季节施工应采取防风防冻措施以保证移栽成活率。

（6）苗木移栽成活后，应对植物采取适当的除虫、追肥、喷药等措施，以保证所植苗木生长旺盛。杀虫剂须符合规范要求。

4. 浇水

栽植后用喷壶及时浇透水，浇水要均匀充分，不得冲击苗木，不留死角。

注意事项：后期浇水采取"见干见湿"的原则。在炎热的季节，应该在早晨或傍晚浇水；在寒冷的季节，则应该在中午时分浇水，其原则是水的温度要和土壤及植株的温度尽量接近。

5. 修剪

根据需要，对植株进行适当修剪，应考虑植物造型，使花灌木种植后的初始冠形能有利于将来形成优美的冠形，达到理想的绿化景观效果。

注意事项：实际工程中当背景植株高度较高时，要进行适当的强修剪，防止其刚种植就出现倒伏现象；强修剪可促其二次开花，或促其萌发新叶。

五、实训小结

1. 选购的花灌木的品种、规格应符合设计要求，在同一季节中彼此的色彩、姿态、体量及数量应协调。

2. 栽植放样、栽植密度、栽植图案和栽植位置等均应符合设计要求。株行距应均匀，高低搭配应恰当。

3. 栽植深度以原土痕或根茎处为标准，根部土壤须压实，苗木茎叶不得沾泥污。

4. 花境栽植设计无要求时，各种花卉应成团成丛栽植，各团、丛之间的花色、花期搭配应合理。

六、实训评价

序号	考核项目	参考分	标准值	得分
1	种植床整理	0~20分	土壤深翻、耙细、耙平，坡度符合要求，是/否	
2	是否进行了施工放线	0~15分	是/否	
3	苗木栽植	0~35分	栽植密度、整齐度符合要求，观赏面效果较好，是/否	
4	浇水	0~15分	浇透、浇全，是/否	
5	修剪	0~15分	修剪美观性较好，是/否	
考核成绩（总分）				

综合应用

实训二十四　综合项目应用

一、项目概况

本项目为全国职业院校技能大赛高职组"园林景观设计与施工"赛项的图纸，主要实训内容包含道路铺装、木平台、水池、坐凳等。

二、项目工程（结构与构造）分析

1. 总平面图

总平面图相关图纸如图 10-1~图 10-3 所示。

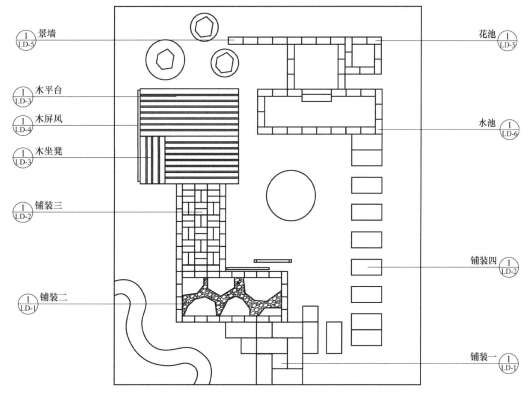

图 10-1　索引平面图

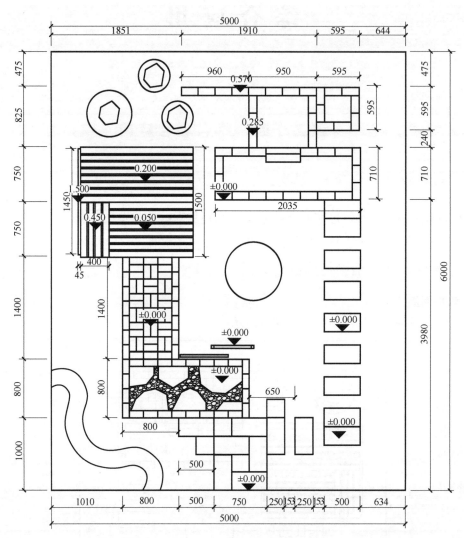

图 10-2　尺寸定位图

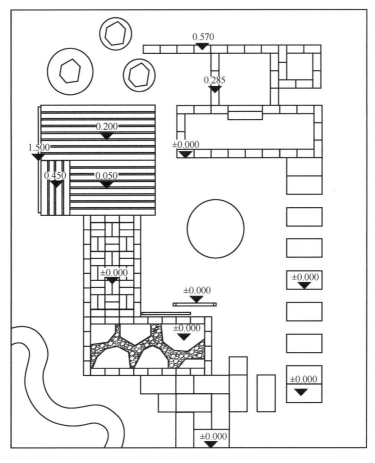

图 10-3　竖向标高图

2. 道路铺装

道路铺装相关图纸如图 10-4~图 10-9 所示。

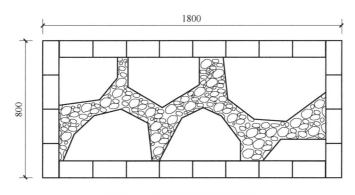

图 10-4　碎料路面铺装平面图

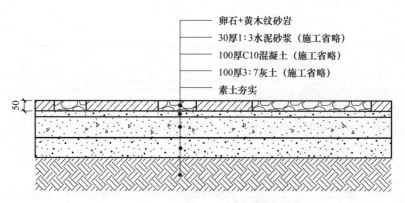

卵石+黄木纹砂岩
30厚1:3水泥砂浆（施工省略）
100厚C10混凝土（施工省略）
100厚3:7灰土（施工省略）
素土夯实

图 10-5　碎料路面铺装剖面图

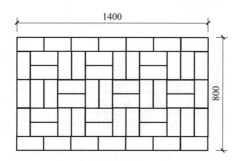

图 10-6　透水砖路面铺装平面图

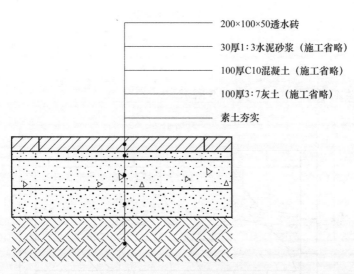

200×100×50透水砖
30厚1:3水泥砂浆（施工省略）
100厚C10混凝土（施工省略）
100厚3:7灰土（施工省略）
素土夯实

图 10-7　透水砖路面铺装剖面图

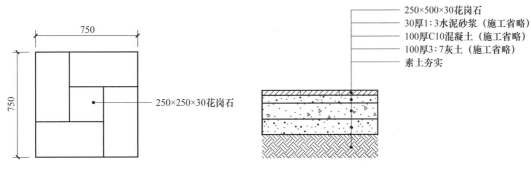

图 10-8 花岗石路面平面图   图 10-9 花岗石路面剖面图

3. 木平台

木平台相关图纸如图 10-10~图 10-12 所示。

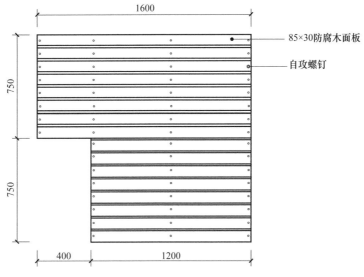

图 10-10 木平台平面图

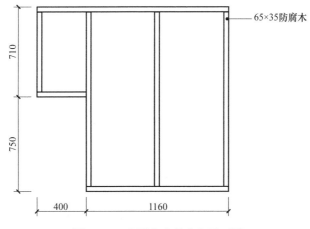

图 10-11 木平台龙骨分布平面图

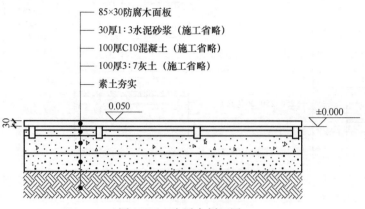

85×30防腐木面板
30厚1:3水泥砂浆（施工省略）
100厚C10混凝土（施工省略）
100厚3:7灰土（施工省略）
素土夯实

0.050   ±0.000
30

图 10-12　木平台剖面图

4. 水池

水池相关图纸如图 10-13~图 10-15 所示。

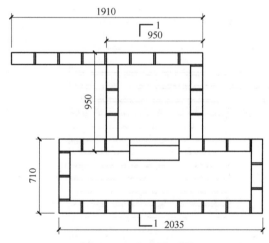

1910
1
950
950
710
1 2035

图 10-13　水池平面图

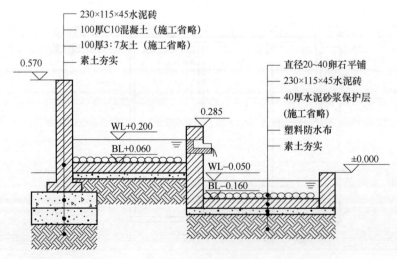

230×115×45水泥砖
100厚C10混凝土（施工省略）
100厚3:7灰土（施工省略）
素土夯实

直径20~40卵石平铺
230×115×45水泥砖
40厚水泥砂浆保护层
（施工省略）
塑料防水布
素土夯实

0.570   0.285   ±0.000
WL+0.200
BL+0.060
WL−0.050
BL−0.160

图 10-14　水池剖面图

图 10-15　水池立面图

5. 坐凳

坐凳相关图纸如图 10-16~图 10-19 所示。

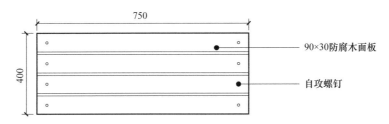

图 10-16　坐凳平面图

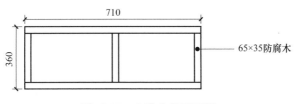

图 10-17　坐凳龙骨平面图

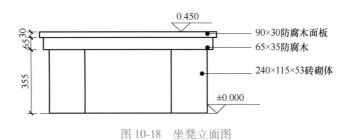

图 10-18　坐凳立面图

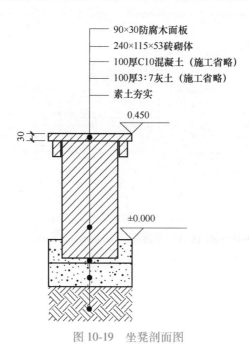

90×30防腐木面板
240×115×53砖砌体
100厚C10混凝土（施工省略）
100厚3:7灰土（施工省略）
素土夯实

0.450

30

±0.000

图 10-19　坐凳剖面图

三、项目施工方法

1. 入口铺装施工

入口铺装施工如图 10-20~图 10-28 所示。

图 10-20　洒水降尘

图 10-21　测定标高参照点

图 10-22　入口定位

图 10-23　带线确定铺装边线

图 10-24　铺装面找平

图 10-25　预铺石板

图 10-26　石板调平

图 10-27　测定完成面标高

图 10-28　依次完成铺装

2. 水池喷泉、花池、景墙施工

水池喷泉、花池、景墙施工如图 10-29~图 10-45 所示。

图 10-29　定位放线

图 10-30　基础开挖

图 10-31　基础夯实

图 10-32　复核基础标高

图 10-33　二次放线定位

图 10-34　基础砖定位

图 10-35 下水池墙体砌筑

图 10-36 铺设防水薄膜

图 10-37 调整水池完成面水平度

图 10-38 复核面层水平度

图 10-39 上水池基础面定位

图 10-40 上水池砌筑

图 10-41　上水池预埋管件

图 10-42　花池砌筑

图 10-43　景墙定位

图 10-44　景墙砌筑

图 10-45　景墙成品

3. 木平台施工

木平台施工如图 10-46~图 10-53 所示。

图 10-46 木平台下料

图 10-47 木平台龙骨、面板加工

图 10-48 龙骨、面板做标记

图 10-49 龙骨连接

图 10-50 复核龙骨尺寸

图 10-51 龙骨加工成形

图 10-52　面板预排版

图 10-53　木平台成形

4. 小品施工

小品施工如图 10-54～图 10-58 所示。

图 10-54　小品下料

图 10-55　小品榫卯定位

图 10-56　榫卯加工

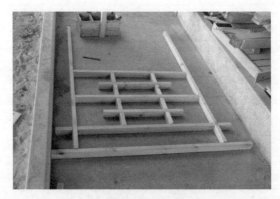

图 10-57　小品试拼

图 10-58 小品打钉固定成形

5. 绿化施工

绿化施工如图 10-59~图 10-70 所示。

图 10-59 花池回填

图 10-60 花池种植

图 10-61 植物定位

图 10-62 栽植穴开挖

图 10-63　植物拆袋种植

图 10-64　栽植穴回填

图 10-65　填土营造地形

图 10-66　种植植物

图 10-67　种植内圈植被

图 10-68　种植外圈植被

图 10-69　铺设草皮

图 10-70　成品效果

参 考 文 献

［1］张颖璐. 园林景观构造［M］. 南京：东南大学出版社，2019.

［2］郭宇珍，高卿. 园林施工图设计［M］. 北京：机械工业出版社，2018.

［3］吴戈军. 园林工程材料及其应用［M］. 2版. 北京：化学工业出版社，2019.

［4］朱燕辉. 园林景观施工图设计实例图解：土建及水景工程［M］. 北京：机械工业出版社，2018.

［5］杨至德. 园林工程［M］. 5版. 武汉：华中科技大学出版社，2022.

［6］陈科东. 园林工程施工技术［M］. 3版. 北京：中国林业出版社，2022.